JN412000

식품 중 이물 판별 매뉴얼

식품의약품안전처
식품의약품안전평가원

본 매뉴얼은 식품 중 이물 판별을 위하여 작성되었으며, 향후 수정될 수 있습니다.

또한 본 매뉴얼은 식품에 혼입된 이물의 종류를 판별하기 위한 방법, 사례 등 참고 자료를 정리한 것으로, 제시된 방법에 따라 이물을 판별하는 것은 법적 효력을 가지는 것이 아님을 알려드립니다. 보다 상세한 설명이 필요하시거나 수정이 필요한 사항이 있으신 경우, 전화로(043-719-4452/4458, 신종유해물질과) 문의해 주시기 바랍니다.

※ 본 매뉴얼에 대한 의견이나 문의사항이 있을 경우 식품의약품안전평가원 식품위해평가부 신종유해물질과로 문의하시기 바랍니다.

전화번호: 043-719-4452/4458

팩스번호: 043-719-4450

목 차 Contents

제1장 식품 중 이물 분석법

제2장 식품 중 이물 판별 사례

NATIONAL INSTITUTE OF FOOD AND DRUG SAFETY EVALUATION

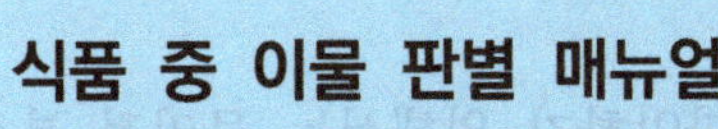

제1장 | 식품 중 이물 분석법

1. 물리적 분석

2. 화학적 분석

3. 생물학적 분석

제1장 식품 중 이물 분석법

식품 중 이물의 종류 및 혼입 경로를 파악하기 위해서는 물리적 분석, 화학적 분석, 생물학적 분석, 유전학적 분석 등의 다양한 분석법이 이용된다. 일반적으로 이물을 분석할 때는 육안검사를 통해 이물의 종류를 판별한다. 하지만 육안으로 구분이 어려운 경우 실체현미경 또는 광학현미경을 이용하여 이물의 빛 투과 여부와 형태를 관찰한 후 섬유·세포벽 유무, 포자·균사 유무 등을 통해 이물 유형을 결정하고 이물의 특성에 따라 성분을 분석한다. 이때 이물과 유사하거나 동일한 물질로 추정되는 대조품을 선정하고 비교·분석하면 신속하게 이물의 종류를 추정할 수 있다.

물리적 분석에는 육안 및 현미경 검사, 복원 시험, 연소 반응 등이 있다. 화학적 분석에는 요오드 반응, 몰리시 반응, 수단 Ⅲ 반응, 뷰렛 반응, 카탈라아제 시험 등이 포함되는 반응시험과 X선 형광분석기(XRF) 및 적외선 분광광도계(FT-IR) 등을 이용한 기기분석(비파괴)이 있다. 이외에 생물학적 분석은 곰팡이 및 곤충 등의 생물학적 특징을 이용하여 분류하는 방법과 유전자 증폭기(PCR) 등을 이용하여 유전자 염기서열을 분석하여 생물종을 확인하는 방법이다.

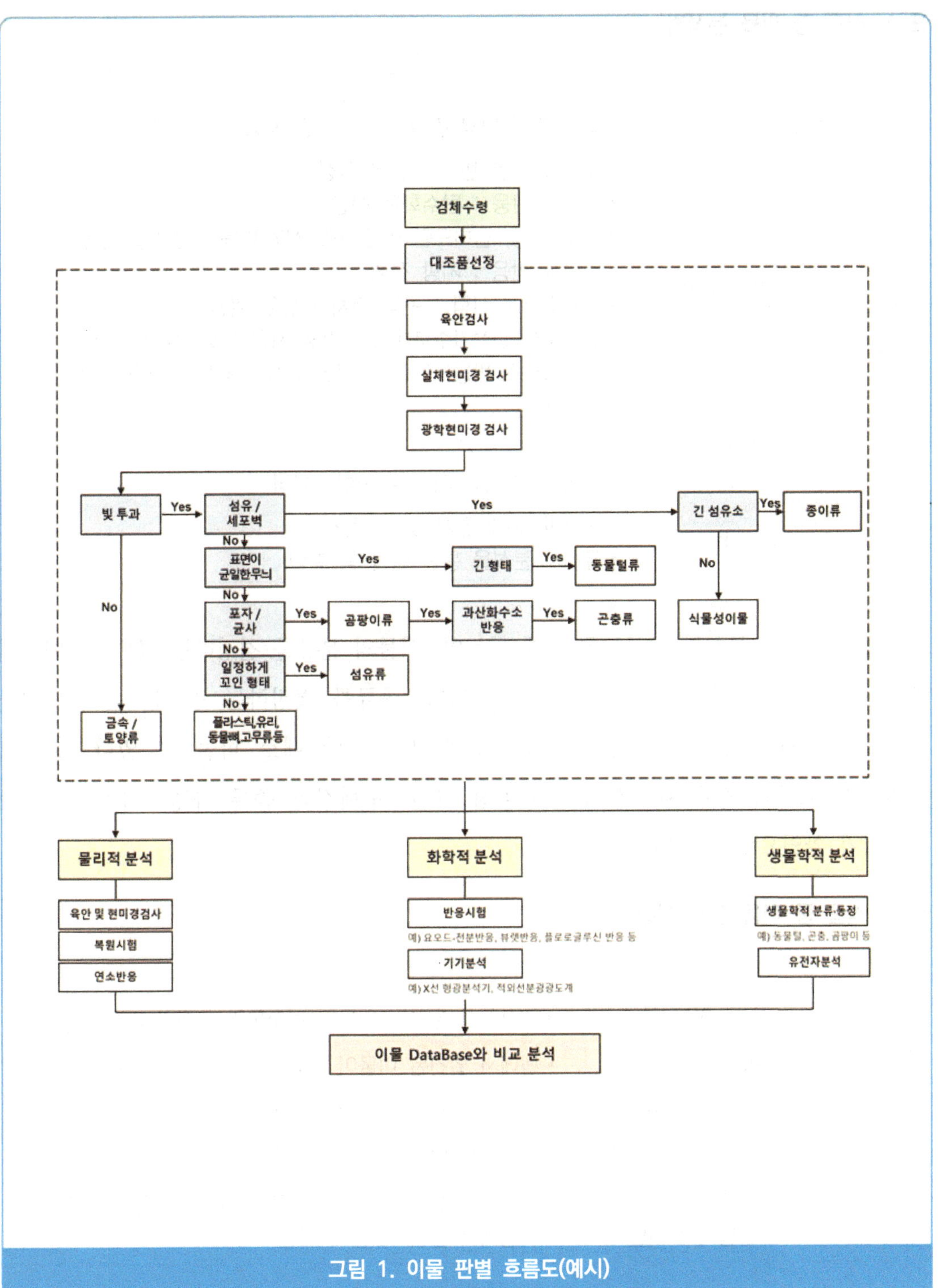

그림 1. 이물 판별 흐름도(예시)

표 1. 식품 중 이물 분석법

분류		분석내용
물리적 분석		• 육안 및 현미경 검사 • 복원 시험 • 연소 반응
화학적 분석	반응 시험	• 요오드-전분 반응 : 전분 정성 • 몰리시 반응 : 탄수화물 정성 • 뷰렛 반응, 닌히드린 반응, 에오신Y 반응 : 단백질 정성 • 수단Ⅲ 반응 : 지방 정성 • 카탈라아제 시험 : 곤충 열처리 유무 확인 • 알칼리성 인산가수분해효소 검출 시험 : 포유류 분변 확인 • 셀룰로오스 반응, 플로로글루신 반응 : 식물의 세포벽 확인 • 용해 반응
	기기 분석 (비파괴 분석)	• X선 형광분석기 : 무기성분 분석 • 적외선 분광광도계 : 유기성분 분석
생물학적 분석		• 곰팡이, 곤충 검사 및 종 동정 • 유전자 분석을 통한 생물 종 확인

이물의 성분을 분석하는 상황은 크게 나누어 '이물의 분류를 결정하는 경우'와 '이물의 혼입 원인을 조사하는 경우'로 구분할 수 있다. 종류를 결정하는 경우는 검체의 이물 여부를 확인해야 할 때와 이물의 종류를 확인해야 할 때로 나눌 수 있다. 그리고 혼입원인 조사의 경우 대조품과의 동일성 확인, 구체적인 종류 규명, 제조 과정 중 혼입시기 확인으로 구성된다.

표 2. 식품 중 이물 분석 상황

구분	내용	예시
분류 결정	이물 여부 확인	• 과자에서 발견된 이물이 탄화물인지 쥐의 분변인지 확인
	이물 분류 확인	• 빵에서 발견된 이물이 플라스틱인지 유리인지 확인
혼입 원인 조사	대조품과의 동일성 확인	• 음료에서 발견된 유리조각이 유리병과 동일한 성분인지 확인
	구체적인 종류 규명	• 어묵에서 발견된 뼛조각이 어느 동물의 뼈인지 확인
	제조 과정 중 혼입시기 확인	• 주류에서 발견된 곤충이 제조과정 중 혼입되었는지 소비 과정에서 혼입되었는지 확인

1. 물리적 분석

가. 육안 및 현미경 검사

육안 검사와 현미경 검사는 이물의 형태 및 성상에 대한 상세한 정보를 얻은 후 분석하여 이물이 생체조직인지 금속 등의 무기물인지 합성수지 등의 유기물인지 판별할 수 있는 기초적인 검사법이다. 이물의 형태 및 성상을 관찰할 때는 육안, 확대경, 실체현미경, 고배율 현미경, 전자현미경 등 저배율에서 고배율로 순차적으로 관찰하는 것이 효율적이다.

일반적으로 이물의 종류를 판별할 때에는 실체현미경을 많이 사용한다. 예를 들어, 실의 형태로 발견된 이물이 동물의 체모인지, 식물 또는 합성 섬유인지를 판단하거나 곤충을 형태학적으로 분류할 때에는 실체현미경 검사로 충분하기 때문이다. 하지만 동물 털 등의 종류를 동정하고 데이터베이스를 구축할 때에는 프레파라트를 제작한 후 광학현미경으로 관찰하거나 주사전자현미경(SEM) 등 고배율 현미경을 이용하는 것이 좋다.

그 외에 이물의 외형을 관찰할 때에는 사진으로 기록을 남기고 크기와 무게 등을 기록하는 것이 좋으며 경도, 냄새, 자성을 가지고 있는지 확인하는 것도 좋다.

그림 2. 곤충 오인 청소용 솔 실체현미경 분석 사례

식물의 파편을 현미경으로 관찰하면 빛이 식물을 투과하는 것을 알 수 있으며, 세포벽을 가진 세포, 식물의 관다발, 기공 및 엽록체 등을 확인할 수 있다.

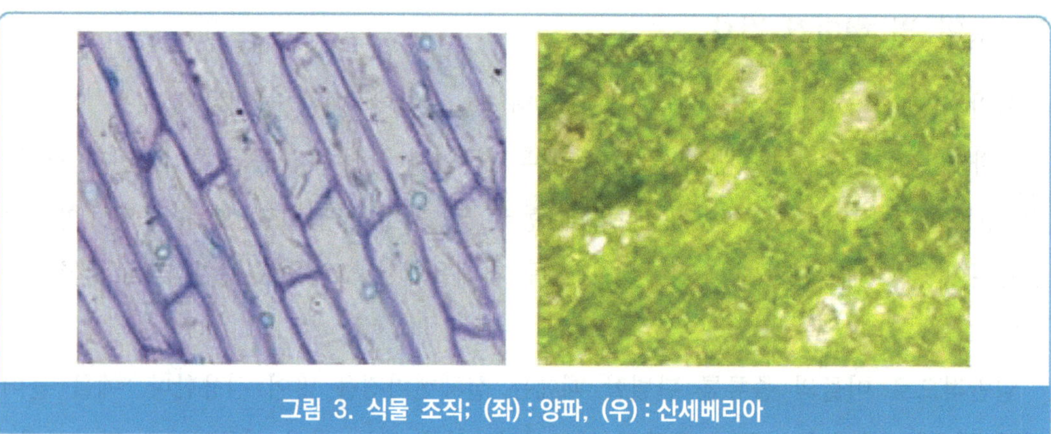

그림 3. 식물 조직; (좌) : 양파, (우) : 산세베리아

감자와 고구마와 같은 구황 작물의 경우 유세포(Parenchyma cell) 라는 세포벽이 존재하고, 그 내부의 전분을 함유하고 있으므로 구황 작물의 여부를 확인 할 수 있다. 전분이 특징적으로 모여있는데 유세포를 관찰하기 힘들 경우, 콩고 레드(Congo red) 시약으로 세포벽을 염색한 후 관찰하면 도움이 된다. 또한, 전분의 경우 편광 현미경으로 관찰 시 말티스 크로스(Maltease cross) 패턴이 나타나는 특징이 있어 전분을 정성할 수 있다.

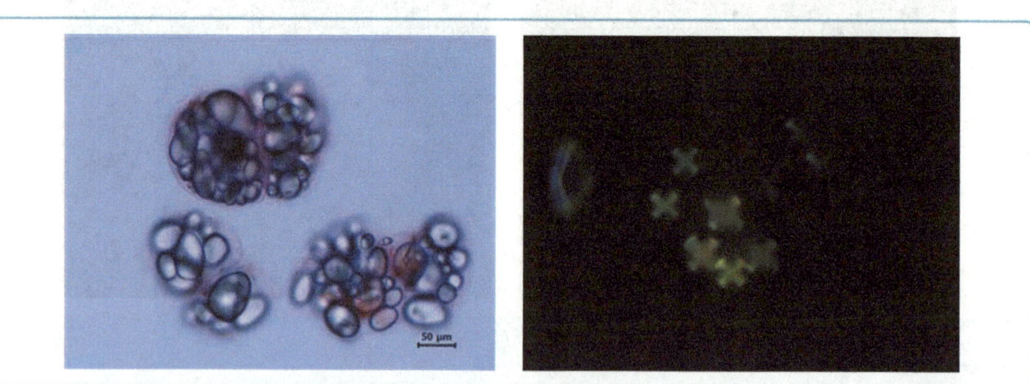

그림 4. 구황작물의 유세포와 전분의 특징; (좌) : 유세포, (우) : 전분 편광성(말티스 크로스)

나무 파편을 현미경으로 관찰하면 일정한 방향으로 정렬되어 있는 섬유조직을 볼 수 있지만 종이의 경우 얇고 긴 섬유소가 뒤섞여 있어 확연하게 구분할 수 있다. 골판지 등의 재생 종이는 현미경으로 관찰했을 때 흑색, 청색, 적색 등 다양한 색으로 착색된 파편이 혼입되어 있는 것을 발견할 수 있다.

동물 조직을 현미경으로 관찰하면 세포, 근섬유, 근막 등을 확인할 수 있는데 검체가 건조된 상태일 때에는 수분을 가하여 복원 후 관찰하는 것이 좋다.

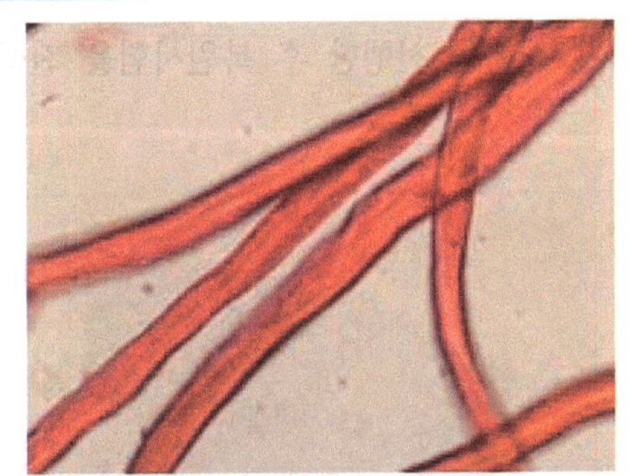

그림 5. 동물 조직; 쇠고기 근섬유 (좌) : × 1,000, (우) : × 400

나. 복원시험

복원시험은 이물이 건조되기 전에 가지고 있던 수분을 공급하여 본래의 형태로 복원시키는 시험법이다. 적용 대상은 건조된 동물, 식물, 식품 등의 조직 및 조각이며 금속이나 돌 등의 광물질, 합성수지, 뼈나 치아 또는 패각 등 생물의 경질조직은 적용할 수 없다. 단단한 이물의 경우 물의 온도가 높을수록 복원이 잘되고 시간이 단축되어 끓는 물에 중탕하는 경우도 있으나 형태가 손상될 수 있으므로 주의가 필요하다. 반면에 잘 풀어지거나 부서지는 이물은 찬물에서 복원시키는 것이 안전하다. 곤충 등과 같이 혼입 시기의 추정이 필요한 경우에는 카탈라아제 시험을 선행한 후 복원시험을 진행한다.

그림 6. 복원시험 사례; (좌) : 이물 복원 전, (우) : 이물 복원 후

다. 연소반응

연소반응은 이물의 일부를 취해 불꽃 버너나 가열교반기 등으로 가열하여 형상의 변화(연화, 탄화, 변색 등)를 관찰하는 방법이다. 이 방법은 이물이 파괴되므로, 대량이면서 일부가 손실되어도 문제가 없는 경우에만 사용할 수 있다. 이때 냄새, 연기 및 불꽃의 색상 변화도 관찰할 수 있지만, 이물에 식품성분이 부착되어 있는 경우 냄새와 색상에 영향을 줄 수 있으므로 주의해야 한다. 연소 후 잔류물이 재(ash)인 경우에는 주성분이 유기물인 이물로 볼 수 있으며, 딱딱하거나 변색된 고형물이 남으면 무기물이 주성분인 이물일 가능성이 높다. 합성수지의 경우 재질에 따라 연소 시 변화되는 형태와 발생하는 냄새가 다르기 때문에 이물 판별에 많이 이용되지만, 두 가지 이상의 합성수지가 사용된 복합재료인 경우에는 적용하기 어렵다.

표 3. 섬유 연소반응

섬유명	연소시험		
	불꽃에 접근시킬 때	냄새	재
면	불꽃에 닿으면 즉시 탄다.	종이 타는 냄새	매우 작고 부드러우며 회색
마	불꽃에 닿으면 즉시 탄다.	종이 타는 냄새	매우 작고 부드러우며 회색
견	오그라들어서 불꽃으로부터 분리된다.	모발 타는 냄새	검게 부풀어 올라 무르고 쉽게 부서짐
양모	오그라들어서 불꽃으로부터 분리된다.	모발 타는 냄새	검게 부풀어 올라 무르고 쉽게 부서짐
레이온	불꽃에 닿으면 즉시 탄다.	종이 타는 냄새	타르가 아니면 재는 거의 남지 않음
아세테이트	녹아서 불꽃으로부터 분리된다.	녹으면서 계속 연소	검고 단단하고 무르고 불규칙한 모양
나일론	녹는다.	계속 연소 되지 않음	단단하고 다갈색부터 회색의 알갱이
폴리에스터	녹는다.	계속 연소	단단하고 둥근 검은색
아크릴	녹아서 붙는다.	신속히 연소	검고 고르지 못함

[출처 : 섬유시험법, 한국섬유기술연구소, 2010]

2. 화학적 분석

가. 반응시험

(1) 요오드-전분 반응

요오드 반응은 이물에 전분이 함유되어 있는지 확인할 때 사용하는 반응으로 전분을 구성하는 아밀로오스(amylose)와 아밀로펙틴(amylopectin)이 요오드와 반응하였을 때 청남색을 나타내는 특성을 이용한다. 이외에 글리코겐과 전분의 부분적 가수분해물인 덱스트린은 분자의 크기에 따라 적색에서 갈색을 나타내거나 색을 나타내지 않는다.

요오드 반응에 사용하는 요오드 용액은 요오드(I2) 2.5 g과 요오드화칼륨(KI) 5 g을 증류수 100 mL에 녹여 사용한다. 이물에 요오드 용액을 가했을 때 청남색을 나타내면 전분이 함유된 것으로 판단할 수 있다. 이물이 건조된 상태일 때에는 복원시험을 선행할 수도 있으며, 입자의 크기가 작을 때에는 증류수를 가하여 분산시킨 후 색상의 변화를 관찰할 수도 있다.

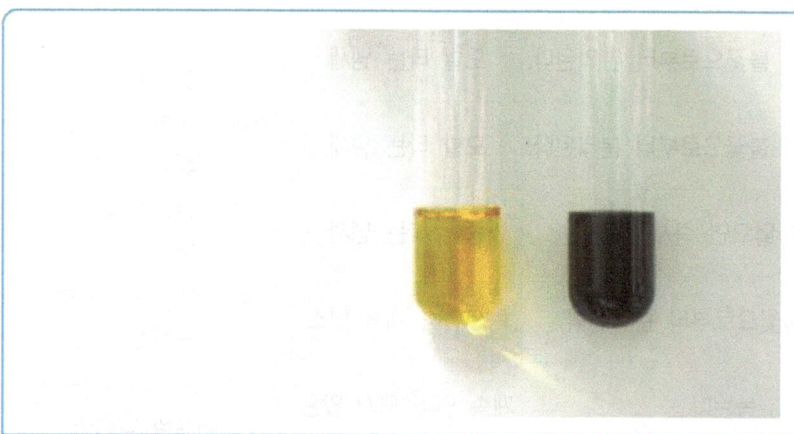

그림 7. 요오드-전분 반응; (좌) : 공시험, (우) : 반응 후

(2) 몰리시 반응(α-naphthol 반응)

몰리시(Molisch) 반응은 이물에 당류가 함유되어 있는지 확인할 때 사용한다. 단당류가 진한 황산에 의하여 탈수반응을 일으켜 푸르푸랄(furfural) 유도체가 된 후 알파-나프톨(α-naphthol)과 반응하여 자색 또는 청자색의 착색물질을 형성하는 특성을 이용하는데, 소당류 및 다당류는 황산에 의해 글리코시드(glycoside) 결합이 끊어짐으로써 단당류로 분해된 후 단당류와 같은 착색물질을 형성하기 때문에 당류의 분자량에 상관없이 적용할 수 있다.

반응에 사용하는 알파-나프톨(α-naphthol) 용액은 알파-나프톨 분말 5 g을 95% 에탄올에 녹여 100 mL로 한 것으로, 사용할 때마다 제조하고 갈색 병에 보관한다. 이물을 시험관에 넣고 알파-나프톨 용액을 2~3방울 가하여 잘 섞은 후, 시험관 벽을 따라 진한 황산 2~3 mL를 조심스럽게 가하고 검체와 황산층의 경계면이 적자색으로 변색되는지 확인한다. 적자색으로 변색되었다면 이물에 당류가 함유되어 있는 것으로 판단할 수 있으며, 시험관을 흐르는 물에 냉각하면서 흔들어 혼합하면 적색~청자색 범위의 색으로 변하는 것을 확인할 수 있다.

그림 8. 몰리시 반응; (좌) : 공시험, (우) : 반응 후

(3) 뷰렛 반응

뷰렛(Biuret) 반응은 이물에 단백질이 함유되어 있는지 확인할 수 있는 방법으로 펩티드(peptide) 결합이 두 개 이상 존재하는 뷰렛 구조가 구리 이온(Cu^{2+})과 반응하여 자색의 착화합물을 생성하는 원리를 이용한다.

이물에 10% 수산화나트륨(NaOH) 용액 2 mL를 가한 후 1% 황산구리($CuSO_4$) 용액 1~2 방울을 가하여 색의 변화를 확인한다. 이물에 단백질이 함유되어 있으면 자색을 나타내는데 황산구리 용액의 첨가량을 증가시키면 적색→적자색→청자색으로 변하게 된다.

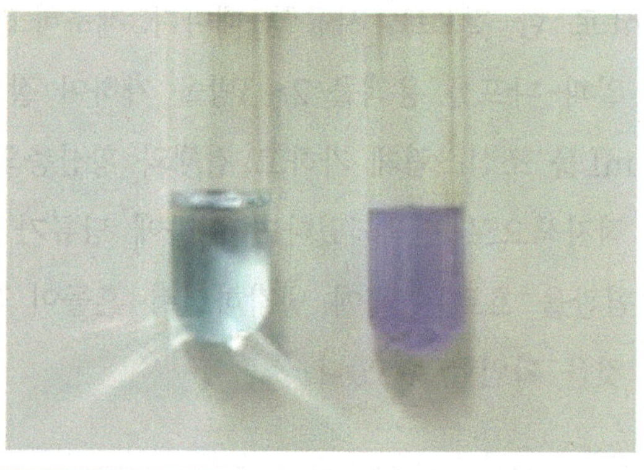

그림 9. 뷰렛 반응; (좌) : 공시험, (우) : 반응 후

(4) 닌히드린 반응

닌히드린(Ninhydrin) 반응은 이물에 단백질이 함유되어 있는지 확인할 수 있는 방법으로 α-아미노기를 가진 화합물이 pH 4~8, 100℃의 조건에서 닌히드린과 반응하여 적자색 또는 청자색을 나타내는 정색반응이다. 이 반응은 아미노산, 펩티드(peptide), 단백질뿐만 아니라 아민(amine), 암모니아(ammonia) 등도 양성을 나타내며, 매우 민감하기 때문에 아미노산 및 단백질 정성에 널리 사용된다.

이물에 1% 닌히드린 용액을 1~2 방울 가하고 끓는 물에 중탕하여 색상의 변화를 관찰한다. 적자색 또는 청자색으로 발색되면 단백질을 함유하고 있는 것으로 판정할 수 있지만 프롤린(proline), 하이드록시프롤린(hydroxyproline)의 경우에는 황색을 나타내므로 주의해야 한다.

그림 10. 닌히드린 반응; (좌) : 공시험, (우) : 반응 후

(5) 에오신 Y 반응

에오신 Y 반응은 뷰렛 반응, 닌히드린 반응과 마찬가지로 이물에 단백질이 함유되어 있는지 확인할 수 있는 방법이다. 이 반응은 세포조직을 염색할 때 사용하는 에오신 Y(Eosin Yellow) 용액이 단백질 성분이 있을 때 아미노기와 결합하여 붉은색을 나타내는 원리를 이용한다.

이물에 5% 에오신 Y 용액을 가하여 일정시간 염색시킨 후 여액을 제거하고 이물의 염색여부를 확인한다. 이물이 붉은색으로 염색되면 단백질이 함유된 것으로 판정한다.

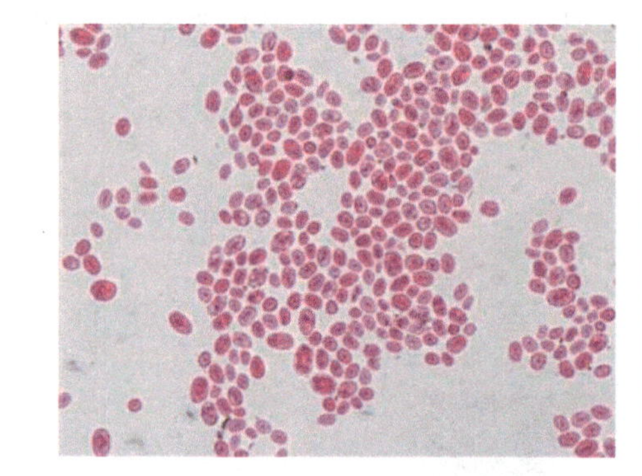
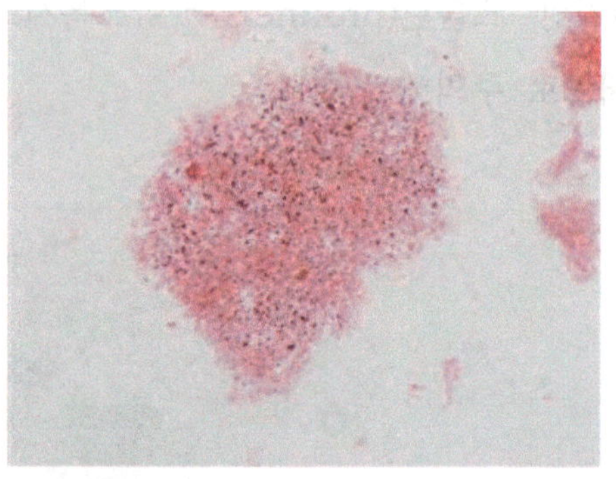

그림 11. 에오신 Y 반응; (좌) : 효모, (우) : 맥주 혼탁

(6) 수단Ⅲ 반응

수단Ⅲ 반응은 수단Ⅲ가 지방을 선홍색으로 착색시키는 원리를 이용하는 방법으로 이물 중 지방 성분의 함유 여부를 확인할 때 사용한다. 수단Ⅲ 1 g을 70% 에탄올 100 mL에 용해시켜 제조한 수단Ⅲ 용액을 이물에 가했을 때 선홍색을 나타내면 지방이 함유된 것으로 판정한다.

그림 12. 수단Ⅲ 반응; (좌) : 공시험, (우) : 반응 후

(7) 카탈라아제 시험

카탈라아제(Catalase)는 동물 및 식물세포에 존재하며, 소독작용을 하는 효소로서 과산화수소(H_2O_2)와 같은 과산화물을 분해하는 역할을 한다. 이 원리를 이용하여 곤충 이물의 가열여부를 조사하는 방법으로 주로 이용되며 모근이 제거되지 않은 모발이나 피부 조각, 식물조직 등에도 적용시킬 수 있다. 곤충의 파편이나 털의 모근 부분을 핀셋으로 으깨어 내용물을 공기 중에 노출시킨 상태로, 물로 희석한 과산화수소수(3%)에 침지시킨다. 이물이 오래되지 않고 가열되지 않은 상태라면 카탈라아제가 남아 과산화수소와 반응하여 기포(O_2)가 발생하지만, 이물이 오래되어 부패되었거나 높은 온도에 노출된 적이 있다면 카탈라아제가 불활성화되어 기포가 발생하지 않는다. 이 방법은 이물의 혼입 시기를 추정하는 참고 자료로 활용할 수 있다. 그러나 이물에 부착된 곰팡이나 세균 등이 과산화수소수와 반응하여 기포를 생성할 수도 있고, 카탈라아제의 불활성화 기간도 조건에 따라 달라질 수 있어, 절대적인 방법은 아니다. 실체현미경 상에서 시험을 실행하면 기록을 남기거나 관찰하기가 용이해진다.

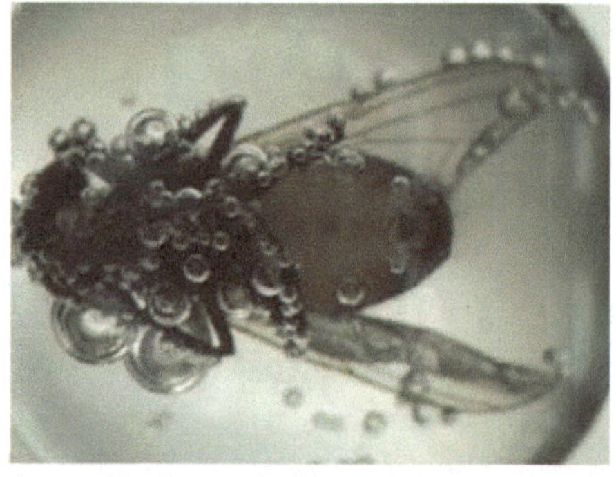

그림 13. 카탈라아제 시험; (좌) : 반응 전, (우) : 반응 후

(8) 알칼리성 인산가수분해효소 검출 시험

포유류의 장내에는 알칼리성 인산가수분해효소(alkaline phosphatase isomerase)가 존재한다. 이 효소는 알칼리 환경에서 금속이온이 존재할 시 phenolphthalein diphosphate로부터 phosphate radicals를 분리시키는 작용을 한다. 이 때 생성되는 phenolphthalein이 적색을 띠는 것을 이용한 알칼리성 인산가수분해효소 검출 시험법을 이용하여 이물의 분변여부를 확인할 수 있다.

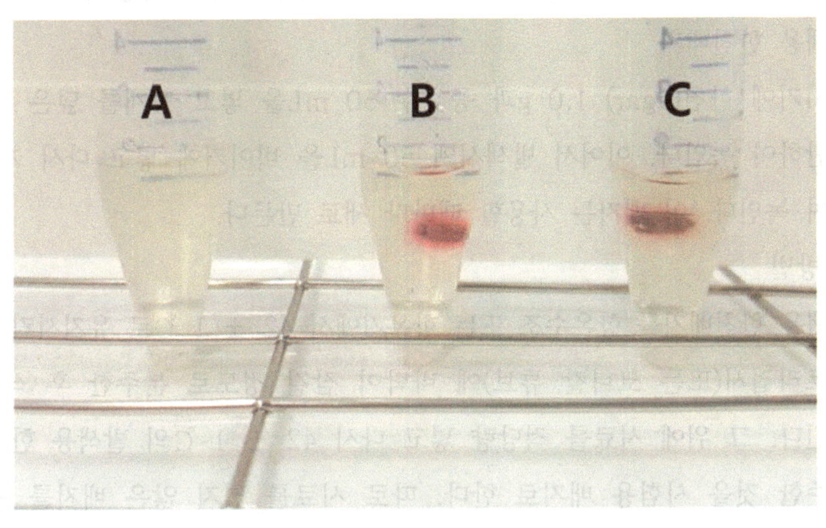

그림 14. 쥐 분변 알칼리성 인산가수분해효소 검출 시험 결과;
(A) : 공시험, (B) : 2개월 경과 쥐 분변, (C) : 6개월 경과 쥐 분변

◎ 시약 및 시액

◆ 염화마그네슘(Magnesium chloride) 용액

$MgCl_2 \cdot 6H_2O$ 0.203 g을 증류수에 녹여 500 mL로 한다.

◆ 발색시액

Borax($Na_2B_4O_7 \cdot 10H_2O$) 19.2 g과 무수 Na_2CO_3 6.28 g을 증류수 1 L에 녹인 후 phenolphthalein diphosphate 0.94 g을 가하고 염화마그네슘 용액 2 mL을 넣어 교반한다. 이 시액은 실온에서 약 4개월간 보관이 가능하다.

◆ 발색용 한천배지

비이커에 한천(agar) 1.0 g과 증류수 50 mL을 넣고 덮개를 덮은 후 가열·교반하여 녹인다. 이어서 발색시액 50 mL을 비이커에 넣고 다시 가열·교반하여 녹인다. 이 배지는 사용할 때마다 새로 만든다.

◎ 시험방법

◆ 발색용 한천배지를 항온수조 또는 항온기에서 42 ± 1 ℃로 유지시킨 후 이를 페트리접시(또는 코니칼 튜브)에 바닥이 잠길 정도로 분주한 후 식혀 응고시킨다. 그 위에 시료를 적당량 넣고 다시 42 ± 1 ℃의 발색용 한천배지를 분주한 것을 시험용 배지로 한다. 따로 시료를 넣지 않은 배지를 공시험용 배지로 한다.

◆ 공시험용 배지 및 시험용 배지를 백색지를 배경으로 하여 분홍색을 띠지 않는 것을 확인한 후 항온수조 또는 항온기에 넣고 42 ± 1 ℃에서 30분간 유지시켜 분홍색을 띠는 지 육안으로 관찰한다.

◆ 시험용 배지가 분홍색으로 발색되면 포유류 분변 또는 이에 오염된 것으로 판정한다.

(9) 셀룰로오스 반응

셀룰로오스(Cellulose) 반응은 어린 식물세포 세포벽의 주성분인 셀룰로오스가 함유되어 있는지 확인하는 시험법으로 식물조직 또는 종이 등의 이물을 판별할 때 적용할 수 있다.

셀룰로오스 반응에는 염화아연($ZnCl_2$) 30 g, 요오드화칼륨(KI) 5 g, 요오드(I2) 1 g, 증류수 14 mL을 혼합한 시약을 사용하는데, 여과지에 떨어뜨렸을 때 청색으로 변색되는 것을 확인해야 하며 황색 또는 갈색으로 변색되는 경우에는 다시 제조하여 사용해야 한다. 슬라이드글라스에 이물을 놓고 시약을 가한 후 커버글라스를 덮고 색의 변화를 관찰한다. 이물이 어린 식물세포인 경우에는 세포벽이 청색 또는 청남색으로 변색되는데, 상황에 따라 반응시간에 차이가 날 수 있으므로 충분히 방치한 후 관찰한다. 목화(목질화)된 세포벽이나 각피소(cutin) 등은 황색 또는 갈색으로 변색되기 때문에 구분이 가능하다.

그림 15. 셀룰로오스 반응(× 400); (좌) : 공시험, (우) : 반응 후

(10) 플로로글루신 반응

플로로글루신(Phloroglucin) 반응은 목질화(목화)된 식물의 세포벽을 확인하는 시험법으로 톱밥, 나무젓가락, 나무 팔레트(받침대), 아이스크림용 스틱 등의 이물을 판별할 때 적용할 수 있다.

슬라이드글라스에 이물을 놓고 플로로글루신 1 g을 50 mL의 에탄올에 용해시킨 시액을 가한 후 시액이 증발하여 재결정화 되기 시작할 때 진한 염산을 1~2 방울 가한 후 선홍색으로 정색되면 목질화된 식물세포(조직)로 판정한다.

그림 16. 고춧가루 중 톱밥 확인 시험법 중 플로로글루신 반응(× 400); (좌) : 공시험, (우) : 반응 후

(11) 용해반응

이물이 대량인 경우에 일부를 취해 산이나 알칼리 용액, 유기용매 또는 물 등을 가해 형태의 변화나 용해 유무를 관찰한다. 이물로 빈번하게 오인되는 음료나 주류의 침전물(응집물)은 1% 염산 용액에 넣고 1시간 가열하면 분해되는데 동물성, 식물성 및 광물성 이물이 혼입되어 있을 경우에는 분해되지 않으므로 쉽게 구분할 수 있다. 뼈, 치아, 패각, 난각, 콘크리트 등은 염산에 침지시키면 기포(CO_2)가 발생하므로 탄산염 함유 여부를 확인할 수 있다. 견, 마 등의 식물성 섬유와 비단, 양모 등의 동물성 섬유, 폴리에스테르 등의 합성섬유는 재질의 특성에 따라 각종 용매에 대한 용해도의 차이를 보인다. 하지만 제조방법이나 사용된 가소제 등 부원료에 따라 용해도가 달라질 수 있으므로 주의하는 것이 좋다.

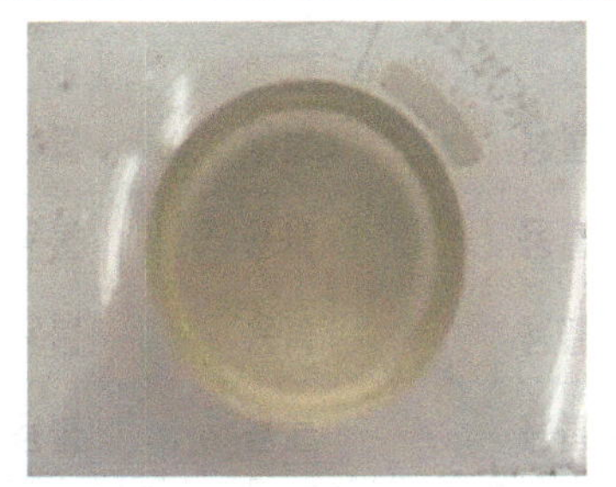

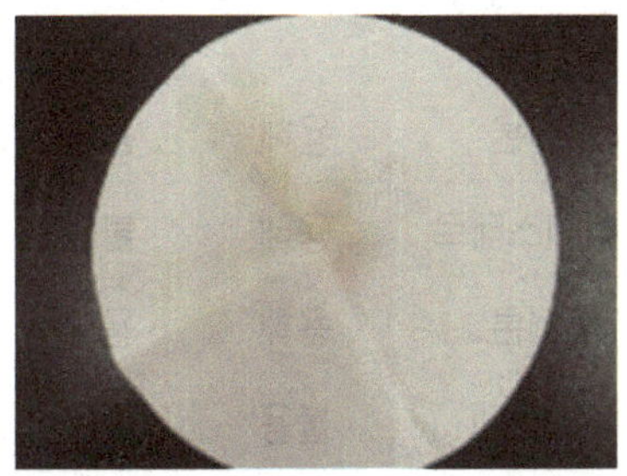

그림 17. 약주 침전물 용해반응 사례; (좌) : 반응 전, (중) : 반응 후, (우) : 반응액 여과

표 4. 섬유의 시약에 따른 용해도

구분		황산	초산	5% 수산화나트륨	아세톤
식물성 섬유	솜, 마	상온 용해	불용	가열해도 불용	불용
동물성 섬유	비단	상온 불용	불용	용해	불용
	양모	가열 시 용해	불용	용해	불용
인조 섬유	비스코스	상온 용해	불용	팽창	불용
	큐프라	상온 용해	불용	팽창	불용
	아세테이트	상온 용해	용해	팽창	용해

표 5. 합성섬유의 시약에 따른 용해도

구분	황산	질산	포름산	디메틸 아세트아미드	디메틸 술폭시드	시클로 헥사논
나일론	용해	용해	용해	불용	불용	불용
폴리에스테르	용해	불용	불용	불용	불용	불용
비닐론	용해	용해	용해	불용	불용	불용
비닐리덴	불용	불용	불용	불용	불용	불용
폴리염화비닐	불용	불용	불용	용해	불용	용해
아크릴	용해	용해	용해되는 것도 있음	용해되는 것도 있음	용해	불용
아크릴계	용해	용해	불용	용해	용해	용해
폴리프로필렌	불용	불용	불용	불용	불용	불용

나. 기기분석

(1) X선 형광분석기(X-ray Fluorescence Spectrometer, XRF)

시료에 X선을 조사할 때 그 에너지가 원자의 내각 전자가 가지는 에너지보다 큰 경우, 광전 효과에 의해 내각 전자가 방출되었다가 안정한 상태로 되돌아가기 위해 외각 전자가 내각에 전이되면서 기저상태로 돌아가게 되는데 이때 전자 궤도가 가지는 에너지 차이만큼 형광 X선으로 방출된다. 이 형광 X선의 에너지를 검출함으로써 시료를 구성하는 원소의 조성 정보를 얻을 수 있고, X선량을 측정하는 것으로 정량적인 분석이 가능하다. 측정 가능한 원소의 범위는 형광 X선 분석기의 종류 및 사양에 따라 다르지만, 일반적으로 Na(나트륨) 또는 Al(알루미늄)로부터 U(우라늄)에 이르는 범위의 원소가 측정 대상이 된다. X선 형광분석기는 시료를 파괴하지 않고 검사를 실시할 수 있고, 고체, 분말, 액체 등 다양한 형태의 시료를 분석할 수 있으므로 토양, 유리, 도자기, 금속, 원유, 슬러지, 건축물, 문화재, 귀금속, 전자제품(RoHS 규제 대비) 등의 무기 화합물을 분석하는데 주로 사용된다. 비파괴 분석이기 때문에 시료를 보존할 수 있어 최근 광범위하게 사용되고 있다. 측정 방식에 따라 에너지 분산형과 파장 분산형 X선 형광분석기로 구분되기도 한다.

표 6. 측정 방식에 따른 형광분석기의 구분

측정 방식	측정 범위
에너지 분산형 X선 형광분석기 (Energy dispersive type, ED-XRF)	Na(나트륨, 11) 또는 Al(알루미늄, 13) ~ U(우라늄, 92)
파장 분산형 X선 형광분석기 (Wavelength dispersive type, WD-XRF)	B(붕소, 5) ~ U(우라늄, 92)

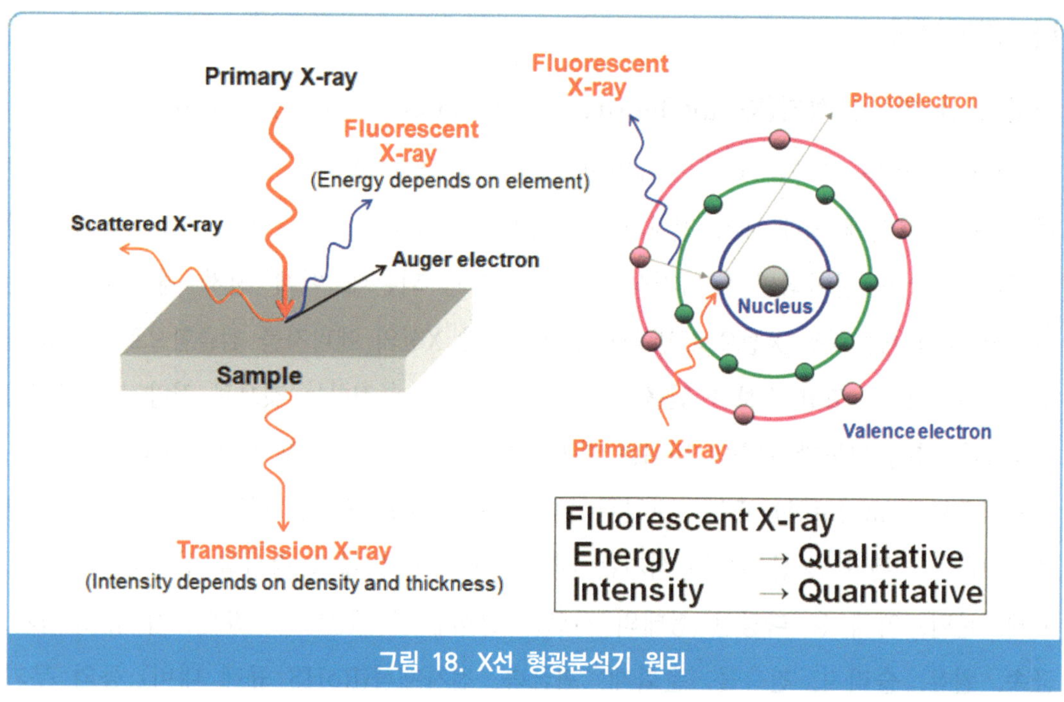

그림 18. X선 형광분석기 원리

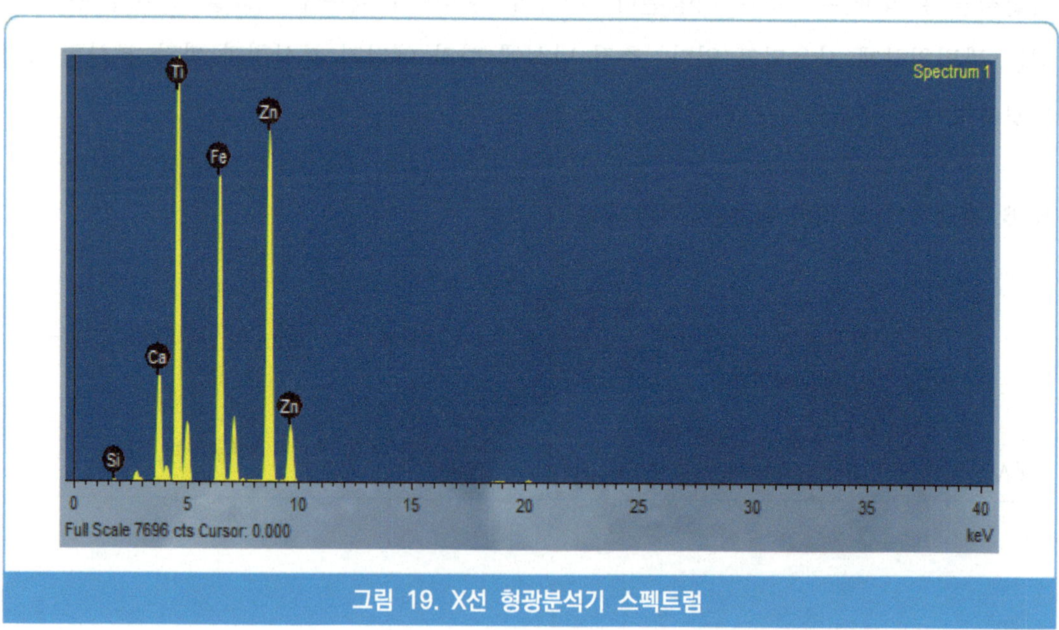

그림 19. X선 형광분석기 스펙트럼

표 7. 원소별 X-Ray 방사에너지 참고표

Element	K_α	L_α	Element	K_α	L_α	Element	K_α	L_α
^{3}Li	54.3	-	^{35}Br	11,924.2	1,480.43	^{67}Ho	47,546.7	6,719.8
^{4}Be	108.5	-	^{36}Kr	12,649	1,586.0	^{68}Er	49,127.7	6,948.7
^{5}B	183.3	-	^{37}Rb	13,395.3	1,694.13	^{69}Tm	50,741.6	7,179.9
^{6}C	277	-	^{38}Sr	14,165	1,806.56	^{70}Yb	52,388.9	7,415.6
^{7}N	392.4	-	^{39}Y	14,958.4	1,922.56	^{71}Lu	54,069.8	7,655.5
^{8}O	524.9	-	^{40}Zr	15,775.1	2,042.36	^{72}Hf	55,790.2	7,899.0
^{9}F	676.8	-	^{41}Nb	16,615.1	2,165.89	^{73}Ta	57,532	8,146.1
^{10}Ne	848.6	-	^{42}Mo	17,479.34	2,293.16	^{74}W	59,318.24	8,397.6
^{11}Na	1,040.98	-	^{43}Tc	18,367.1	2,424	^{75}Re	61,140.3	8,652.5
^{12}Mg	1,253.60	-	^{44}Ru	19,279.2	2,558.55	^{76}Os	63,000.5	8,911.7
^{13}Al	1,486.70	-	^{45}Rh	20,216.1	2,696.74	^{77}Ir	64,895.6	9,175.1
^{14}Si	1,739.98	-	^{46}Pd	21,177.1	2,838.61	^{78}Pt	66,832	9,442.3
^{15}P	2,013.7	-	^{47}Ag	22,162.92	2,984.31	^{79}Au	68,803.7	9,713.3
^{16}S	2,307.84	-	^{48}Cd	23,173.6	3,133.73	^{80}Hg	70,819	9,988.8
^{17}Cl	2,622.39	-	^{49}In	24,209.7	3,286.94	^{81}Tl	72,871.5	10,268.5
^{18}Ar	2,957.70	-	^{50}Sn	25,271.3	3,443.98	^{82}Pb	74,969.4	10,551.5
^{19}K	3,313.8	-	^{51}Sb	26,359.1	3,604.72	^{83}Bi	77,107.9	10,838.8
^{20}Ca	3,691.68	341.3	^{52}Te	27,472.3	3,769.33	^{84}Po	79,290	11,130.8
^{21}Sc	4,090.6	395.4	^{53}I	28,612.0	3,937.65	^{85}At	81,520	11,426.8
^{22}Ti	4,510.84	452.2	^{54}Xe	29,779	4,109.9	^{86}Rn	83,780	11,727.0
^{23}V	4,952.20	511.3	^{55}Cs	30,972.8	4,286.5	^{87}Fr	86,100	12,031.3
^{24}Cr	5,414.72	572.8	^{56}Ba	32,193.6	4,466.26	^{88}Ra	88,470	12,339.7
^{25}Mn	5,898.75	637.4	^{57}La	33,441.8	4,650.97	^{89}Ac	90,884	12,652.0
^{26}Fe	6,403.84	705.0	^{58}Ce	34,719.7	4,840.2	^{90}Th	93,350	12,968.7
^{27}Co	6,930.32	776.2	^{59}Pr	36,026.3	5,033.7	^{91}Pa	95,868	13,290.7
^{28}Ni	7,478.15	851.5	^{60}Nd	37,361.0	5,230.4	^{92}U	98,439	13,614.7
^{29}Cu	8,047.78	929.7	^{61}Pm	38,724.7	5,432.5	^{93}Np	-	13,944.1
^{30}Zn	8,638.86	1,011.7	^{62}Sm	40,118.1	5,636.1	^{94}Pu	-	14,278.6
^{31}Ga	9,251.74	1,097.92	^{63}Eu	41,542.2	5,845.7	^{95}Am	-	14,617.2
^{32}Ge	9,886.42	1,188.00	^{64}Gd	42,996.2	6,057.2			
^{33}As	10,543.72	1,282.0	^{65}Tb	44,481.6	6,272.8			
^{34}Se	11,222.4	1,379.10	^{66}Dy	45,998.4	6,495.2			

[출처 : X-Ray Data Booklet, James H. Scofield, 1970]

이물의 무기성분 조성을 분석할 때에는 작은 크기의 이물도 분석이 가능한 현미경 타입의 장비를 주로 사용하며, 이는 분석 위치를 확인하면서 측정할 수 있는 장점이 있다.

X선 형광분석기로 조성을 분석할 수 있는 주요 무기성 물질의 종류 및 특성은 다음과 같다.

(가) 금속

금속의 경우, 순수한 철은 특수한 용도를 제외하면 거의 사용되지 않으며, 대부분 철에 탄소 및 기타 원소가 포함된 탄소강의 형태로 사용된다. 탄소강은 강도가 높고, 첨가 원소의 종류와 가공 방식에 따라 다양한 특성을 가질 수 있으나, 모든 산업적 용도에 적합하지는 않다. 따라서 니켈(Ni), 크롬(Cr), 몰리브덴(Mo), 망간(Mn), 규소(Si), 바나듐(V), 코발트(Co), 구리(Cu), 납(Pb) 등의 원소를 첨가한 합금강(alloy steel)을 널리 사용된다.

스테인리스강(Stainless Steel)은 부식되기 쉬운 탄소강에 크롬 등을 첨가하여 내식성을 부여한 합금으로 주사바늘, 샤프펜슬, 휴대용 기기 안테나, 자동차 배기 장치, 주방용 기구 등 다양한 용도로 사용된다. 일반적으로 페라이트계(Ferrite), 마르텐사이트계

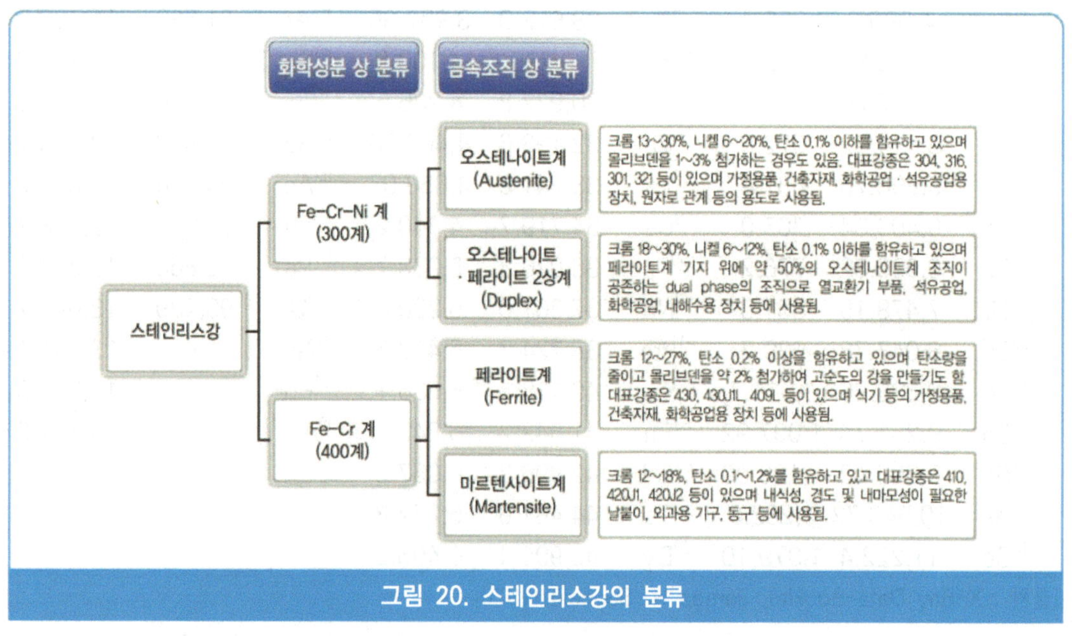

그림 20. 스테인리스강의 분류

(Martensite), 오스테나이트·페라이트 2상계(Duplex)는 자성체이고 오스테나이트계(Austenite)는 비자성체인 것으로 알려져 있으나 오스테나이트계(Austenite) 강종 중 일부는 가공 방식이나 가공 정도에 따라 자성을 띨 수 있다.

표 8. 주요 스테인리스강의 원소 조성 기준 및 X선 형광분석기 측정값 비교

구분		철(Fe) 이외 기타 원소의 조성 (Wt.%)									주요 용도
		C	Si	Mn	P	S	Ni	Cr	Mo	기타	
201	기준[1]	≤0.15	≤1.00	5.50 ~7.50	≤0.06	≤0.03	3.50 ~5.50	16.00 ~18.00	-	-	일반, 화학, 식품 [Cr-Ni-Mn계]
	측정값[2]	-	0.52	8.06	0.08	0.12	1.17	15.39	-	-	
304	기준[1]	≤0.08	≤1.00	≤2.00	≤0.04	≤0.03	8.00 ~10.50	18.00 ~20.00	-	-	화학공업설비, 건축재료, 식품제조설비, 제지공업, 차량공업, 주방기구 [Cr-Ni 계]
	측정값[2]	-	0.31	0.50	0.04	0.02	8.28	18.26	-	-	
304L	기준[1]	≤0.03	≤1.00	≤2.00	≤0.04	≤0.03	9.00 ~13.00	18.00 ~20.00	-	-	
	측정값[2]	-	0.33	0.51	0.04	0.04	8.42	18.14	-	-	
316	기준[1]	≤0.08	≤1.00	≤2.00	≤0.04	≤0.03	10.00 ~14.00	16.00 ~18.00	2.00~ 3.00	-	석유화학공업, 염색공업, 섬유공업, 식품공업 [Cr-Ni 계]
	측정값[2]	-	0.39	0.69	0.07	0.03	10.33	16.72	2.13	-	
316L	기준[1]	≤0.03	≤1.00	≤2.00	≤0.04	≤0.03	10.00 ~14.00	16.00 ~18.00	2.00~ 3.00	-	
	측정값[2]	-	0.50	0.46	0.04	-	12.09	17.62	2.19	-	
430	기준[1]	≤0.12	≤0.75	≤1.00	≤0.04	≤0.03	≤0.6	16.00 ~18.00	-	-	건축재료, 주방기구, 초산공업, 일반 가정기구 [Cr 계]
	측정값[2]	-	0.39	0.07	0.02	0.02	0.24	15.50	-	-	

1) 기준 : 실제 알루미늄 합금의 원소 조성

2) 측정값 : X선 형광분석기를 이용한 무기성분(^{11}Na ~ ^{92}U)의 조성(Mass %) 분석결과

순수 알루미늄은 강도가 낮기 때문에, 규소(Si), 철(Fe), 구리(Cu), 망간(Mn), 마그네슘(Mg), 아연(Zn), 크롬(Cr), 티타늄(Ti) 등의 원소를 첨가하여 강도를 높인 후 사용된다. 자성이 없는 알루미늄과 그 합금은 항공우주 산업, 가정용 기물, 일반 공업용, 차량, 토목, 건축, 조선, 화학 및 식품 등 많은 분야에 사용된다. 알루미늄 합금은 원소의 종류에 따라 1000 시리즈부터 7000 시리즈까지 4행의 숫자로 표시하여 분류되며, 제조방식에 따라 비열처리 알루미늄 합금과 열처리 알루미늄 합금으로 나뉜다.

표 9. 주요 알루미늄 합금의 원소 조성 기준 및 X선 형광분석기 측정값 비교

구분		알루미늄(Al) 이외 기타 원소 조성(Wt. %)								비고
		Si	Fe	Cu	Mn	Mg	Zn	Cr	Ti	
1050	기준[1)]	≤0.15	≤0.15	≤0.03	≤0.02	≤0.02	≤0.03	-	≤0.03	반사판, 조명기구, 장식품, 화학공업용 탱크 등 [Al 99.0% 이상]
	측정값[2)]	0.16	0.42	0.06	0.01	-	0.01	-	0.01	
2024	기준[1)]	≤0.50	≤0.50	3.80 ~4.90	0.30 ~0.90	1.20 ~1.80	≤0.25	≤0.10	-	자동차 부품 등 [Al-Cu 계]
	측정값[2)]	0.25	0.13	5.82	0.75	1.56	0.06	0.09	-	
3003	기준[1)]	≤0.60	≤0.70	0.05 ~0.20	1.00 ~1.50	-	≤0.10	-	-	일반용기, 건축자재, 자동차 부품, 선박용 부품 등 [Al-Mn계]
	측정값[2)]	0.05	0.78	0.26	1.67	-	0.01	-	-	
5052	기준[1)]	≤0.25	≤0.40	≤0.10	≤0.10	2.20 ~2.80	≤0.10	0.15 ~0.35	-	선박용 구조물, 연료탱크, 가정용 기구 등 [Al-Mg 계]
	측정값[2)]	-	0.38	0.06	0.06	2.79	0.03	0.33	-	
6061	기준[1)]	0.40 ~0.80	≤0.70	0.15 ~0.40	≤0.15	0.80 ~1.20	≤0.25	0.04 ~0.35	≤0.15	해수용 기자재, 건축자재 등 [Al-Mg-Si 계]
	측정값[2)]	0.54	0.41	0.50	0.09	1.03	0.06	0.19	0.01	
7075	기준[1)]	≤0.40	≤0.50	1.20 ~2.00	≤0.30	2.10 ~2.90	5.10 ~6.10	0.18 ~0.35	-	항공기용 부품 등 [Al-Zn-(Mg, Cu) 계]
	측정값[2)]	0.26	0.28	1.84	0.03	2.46	8.28	0.40	-	

1) 기준 : 실제 알루미늄 합금의 원소 조성

2) 측정값 : X선 형광분석기를 이용한 무기성분(^{11}Na ~ ^{92}U)의 조성(Mass %) 분석결과

순수한 금속은 일반적으로 잘 사용되지 않기 때문에 식품에 이물로 혼입될 확률이 매우 낮다. 따라서 금속이물은 대부분 특정 용도에 맞게 합금된 형태로 존재하며, 첨가된 원소의 조성은 용도에 따라 달라지는 특징이 있다. 이러한 특성을 활용해 주사전자현미경-에너지분산형 분광기(SEM-EDS)나 X선 형광분석기(XRF) 등을 이용하여 금속성 이물의 원소 조성을 분석하면, 이물의 종류를 판별할 수 있다.

식품에 실제로 혼입된 사례가 있거나 혼입 가느엉이 높은 금속 이물로는 나사, 너트, 공구, 칼날, 은박 포장지, 캔, 수세미, 전선, 음료 뚜껑, 바늘, 철사 등의 파편이 있다. 철(Fe)과 니켈(Ni) 또는 아연(Zn)으로 이루어진 합금은 주로 공구나 바늘에 사용되며, 철(Fe)과 크롬(Cr) 합금은 칼날, 수세미, 주사바늘 등에 사용된다. 또한 철(Fe)과 니켈(Ni) 또는 구리(Cu) 합금은 옷핀이나 용수철 등에 사용된다.

단일 원소가 주성분인 이물에는 철(Fe) 또는 알루미늄(Al)으로 구성된 캔, 철(Fe)이 주성분인 철사 및 크라운 캡, 구리(Cu)를 구성된 전선, 알루미늄(Al)을 주로 사용하는 알루미늄 포일, 은박 포장지, 소시지 포장 마감재 등이 있다.

한편, 경첩, 캔 음료 뚜껑(트위스트 캡, 크라운 캡) 등과 같이 금속 표면이 도료로 코팅된 경우에는 도료의 성분이 주성분으로 검출될 수 있으므로, 정확한 판별을 위해 도료를 제거한 후 성분을 비교 분석하는 것이 바람직하다.

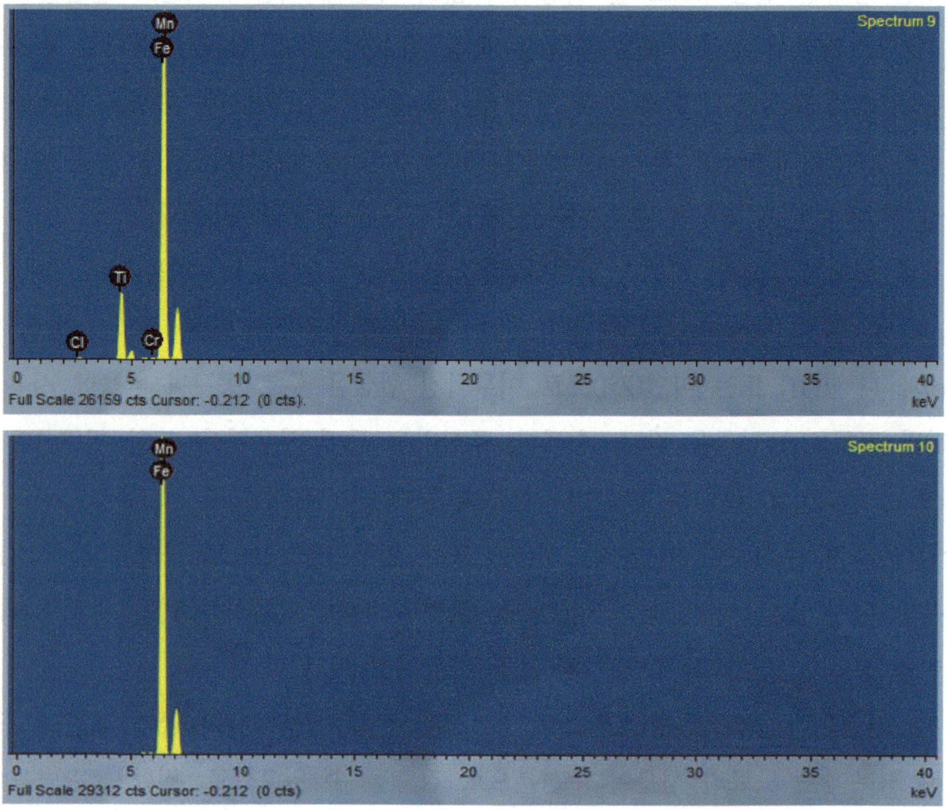

그림 21. 크라운 캡 X선 형광분석기 스펙트럼; (상) : 도료 제거 전, (하) : 도료 제거 후

(나) 유리

유리의 원료는 주원료와 부원료로 구분된다. 주원료는 유리의 주요 구성 성분이며, 부원료는 유리에 특수한 성질을 부여하거나 제조 공정을 용이하게 하기 위해 소량 첨가된다. 유리의 주원료로는 규사, 붕산, 소다, 알루미나, 석회, 마그네시아 등이 있으며, 부원료로는 초석, 칼리초석, 형석, 붕사, 아연, 알루미늄 등이 있다.

표 10. 유리 원료의 구분

원료 분류	기능별 분류	기 능	원 료
주원료	산성 산화물	기본구조	규사(SiO_2), 붕산(B_2O_3)
	염기성 산화물	기본성질 변화	소다(Na_2O), 산화칼슘(CaO), 산화칼륨(K_2O), 산화알루미늄(Al_2O_3), 산화아연(ZnO), 산화마그네슘(MgO), 기타금속광물
부원료	산화제	산화작용	질산나트륨($NaNO_3$), 질산칼륨(K_2NO_3), 산화바륨(BaO)
	환원제	재료분해촉진	탄소질물, 황산나트륨(Na_2SO_4)
	청징제	용융상태 기포제거	황산나트륨(Na_2SO_4), 탄소, 질산알칼리, 황산암모늄($(NH_2)_4SO_4$), 질산암모늄(NH_4NO_3),염화나트륨($NaCl$)
	착색제	색상결정	코발트(자색), 망간(자색), 니켈(적자색), 황(황색), 우라늄(녹색),탄소(갈색), 유황카드뮴(황색)
	융제	용융점 저하	질산나트륨($NaNO_3$), 플루오르화칼륨(CaF_2), 사붕산나트륨($Na_2B_4O_7$)
	청정제	유리속 기포 제거	황산나트륨(Na_2SO_4)

유리는 조성 성분에 따라 규산염 유리, 붕산염 유리, 인산염 유리, 특수 유리 등으로 구분할 수 있는데, 일반적으로 사용하는 유리에는 소다석회 유리, 납유리, 붕규산염 유리, 유리섬유 등이 있다. 이를 이용하여 유리의 조성을 주사전자현미경-에너지분산형 분광기(SEM-EDS), X선 형광분석기(XRF) 등으로 분석하면 유리의 종류를 판별할 수 있다. X선 형광분석기로 유리를 분석하면 실제 원소의 조성 기준과 차이를 보이는데, 이는 X선 형광분석기의 측정범위에 포함되지 않은 산소, 탄소 등과 같은 원소의 조성이 배제되기 때문이다.

표 11. 조성 성분에 따른 유리의 분류

구 분		구 성 성 분
규산염 유리	소다석회 유리	Na_2O-CaO-Sio류에 MgO 혹은 PbO 첨가
	납유리 (크리스탈 유리)	K_2O-PbO-SiO_2류, PbO가 80% 내외
	바륨 유리	Li_2O-Na_2O-K_2O-BaO-Al_2O_3-SiO_2류
	붕규산염 유리	Na_2O-B_2O_3-SiO_2류
	알루미나 유리	CaO-MgO-Al_2O_3-SiO_2류
	리티아 알루미나 유리	Li_2O-Al_2O_3-SiO_2류
	석영 유리	SiO_2(96%)-B_2O_3(3%)
붕산염 유리	납붕산 유리	PbO-B_2O_3류 SiO_2, ZnO 혹은 CdO 첨가
	알루미나 붕산 유리	Na_2O-RO-Al_2O_3-B_2O_3류
인산염 유리	알루미나 유리	R_2O-RO-B_2O_3-Al_2O_3-P_2O_5류
특수 유리	젖빛유리, 투과유리, 신광광학유리, 고유전류 유리, 반도체 유리, 감광성 유리, 방호용 유리, 선중계 유리, 논브라우닝 유리, 중성자차단용 유리, 적외선 투과 유리	

표 12. 일반용 유리의 조성 및 특성

구분	원료 조성(%)				
	소다석회 유리 (병유리)	소다석회 유리 (판유리)	붕규산염 유리	유리섬유 (Fiber Glass)	크리스탈 유리 (Lead Crystal)
SiO_2	70.0~73.0	71.0~74.0	80.0~83.0	50.0~58.0	50.0~60.0
Na_2O	13.0~15.0	13.0~15.0	3.5~5.5	0.2~2.0	0.2~1.5
K_2O	0.3~1.0	0.2~1.0			12.0~16.0
CaO	9.0~11.0	8.0~10.0		13.0~18.0	
PbO	-				24.0~31.0
MgO	0.5~2.5	3.5~5.0		3.0~5.0	
BaO	-				0~0.5
B_2O_3	-		11.0~13.0	9.0~12.0	0~0.5
Al_2O_3	1.0~2.5	0.7~1.5	2.0~3.0	12.0~16.0	0~0.5
비중	2.4~2.6	2.4~2.6	2.9~3.2		2.9 이상

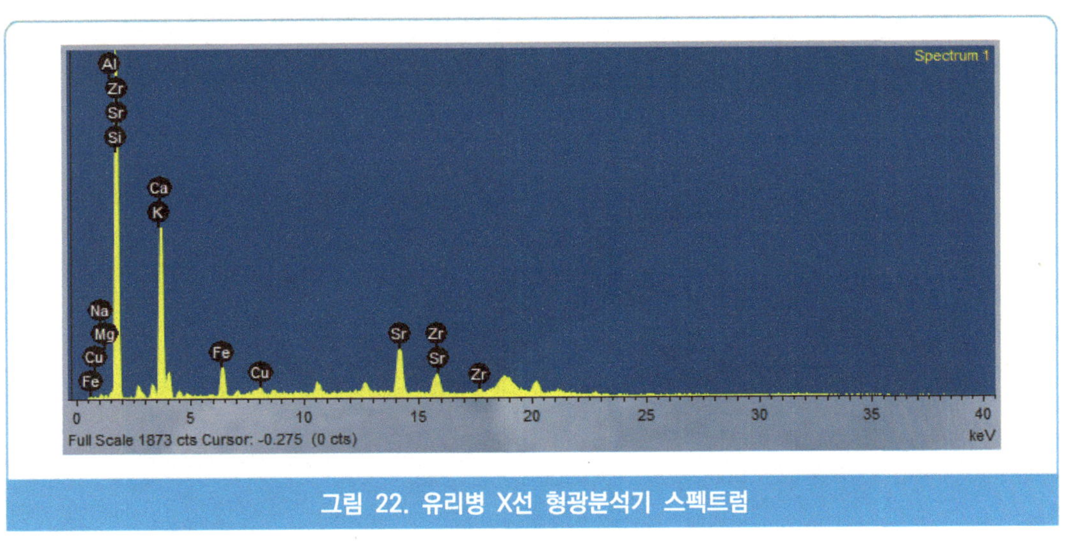

그림 22. 유리병 X선 형광분석기 스펙트럼

(다) 도재

도재는 일반적으로 세라믹(Ceramic)이라고도 하며, 도자기, 내화물, 유리, 시멘트 등과 같이 불을 이용해 만든 무기질 재료를 통칭한다. 대표적으로는 도자기처럼 건조된 기물을 가마에 넣고 고온에서 소결하여 단단하게 만드는 과정을 통해 제조된다.

도재의 원료는 크게 가소성 원료, 비가소성 원료, 융제, 발색제 등으로 나뉜다. 가소성 원료에는 고령토, 와목점토, 목절점토, 석기점토, 도석점토, 황토, 벤토나이트 등이 있으며, 비가소성 원료에는 규석, 규사, 나무재, 활석, 백운석, 골회 등이 있다. 융제로는 장석, 석회석, 네플린 사이나이트, 월러스토나이트, 스포듀민, 연단, 붕사, 탄산바륨 등이 사용되며, 발색을 위한 재료로는 산화철, 산화동, 산화코발트, 산화크롬, 산화망간, 산화니켈, 산화티타늄, 산화주석, 산화아연, 루타일 등이 있다.

도재는 용도에 따라 식기류 등 일상용품, 건축용 타일 및 위생 도기류, 장식품 및 완구류(노벨티), 전기용 절연 세라믹(애자), 전자 부품용 전자 도재, 구조용 도재, 생체 재료용 도재 등으로 분류된다. 또한 특성에 따라 토기, 도기, 석기, 자기, 소결 세라믹(뉴 세라믹스) 등으로 나눌 수 있다.

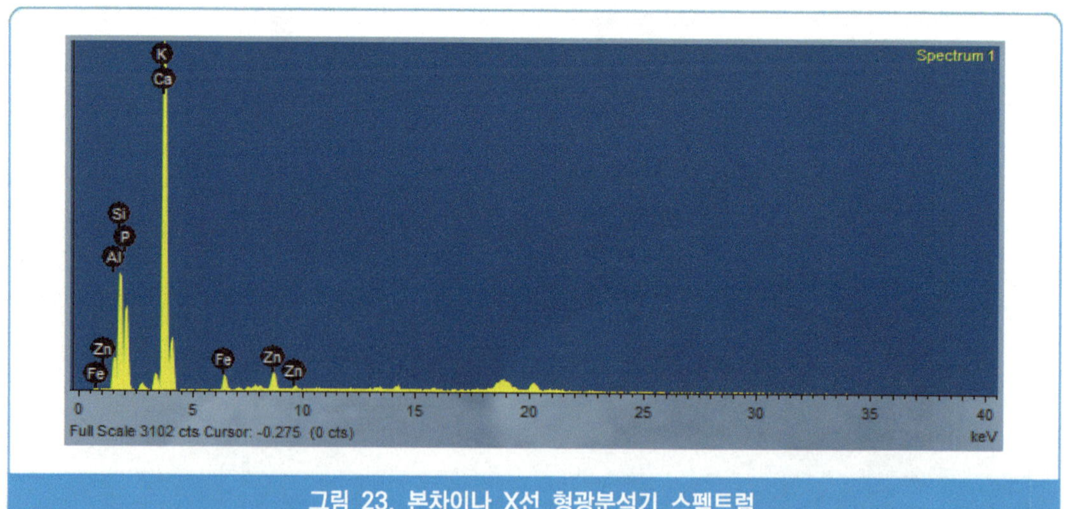

그림 23. 본차이나 X선 형광분석기 스펙트럼

(2) 적외선분광광도계(Fourier Transform Infrared Spectroscopy, FT-IR)

적외선 분광광도계법은 적외선 영역 중 시료가 흡수하는 파장을 측정하여 구조를 예측하는 방법이다. 측정 시료에 적외선을 투과하면, 시료를 구성하고 있는 성분의 화학적 특성에 따라 흡수되는 적외선 영역이 다르게 관측되며, 이때 흡수되는 파장과 그 세기로부터 시료의 화학적 구조를 해석할 수 있다. 즉, 분자 진동에 의한 흡수에너지는 분자 결합기의 종류에 따라 일정한 흡수 영역을 지니게 되며 흡수영역의 관찰에 의해 분자의 구조를 추정할 수 있게 된다.

흡수되는 적외선 파장은 분자 간의 운동에 기인한다. 분자는 적외선 에너지에 의해 여러 가지 형태로 연속적인 진동을 하게 되며, 이때 분자의 진동은 쌍극자모멘트의 변동을 일으키며 에너지의 흡수가 일어나게 된다. 진동의 형태는 크게 신축진동(stretching)과 굽힘 진동(bending)으로 나뉘며, 굽힘 진동은 다시 가위질진동(scissoring), 좌우 흔듦 진동(rocking), 앞뒤 흔듦 진동(wagging), 꼬임 진동(twisting)으로 나뉜다. 진동 형태는 두 개 이상의 원자를 갖는 분자의 경우에만 가능하며, 하나의 원소로 이루어진 단원자 분자의 경우 쌍극자모멘트의 변동을 일으키지 않으므로 에너지 흡수는 일어나지 않는다.

적외선 분광광도계는 비파괴 분석기기로 식품 중 유기성 이물인 합성수지, 섬유 등의 성분 확인에 유용하다. 식품에 혼입된 이물을 분석할 때에는 소량의 검체도 분석이 가능하며 비파괴 분석이 가능한 ATR(Attenuated Total Reflectance) 분석법을 이용하는 것이 좋다. ATR 모드로 측정 시에는 이물과 ATR 크리스탈이 밀착되어야 하기 때문에 ATR-Tip을 이용하여 압력을 가하게 된다. 하지만 이물의 경도가 약한 경우, ATR-Tip에 의해 이물이 손상될 수 있으므로 압력에 주의하여 측정해야 한다.

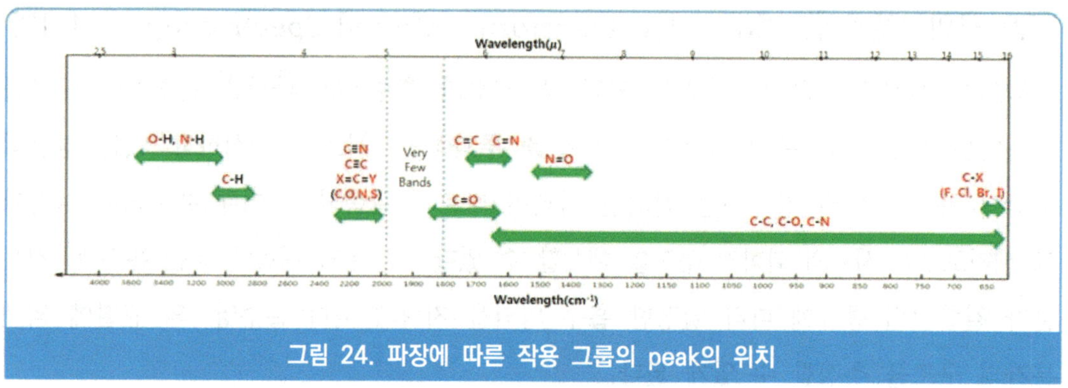

그림 24. 파장에 따른 작용 그룹의 peak의 위치

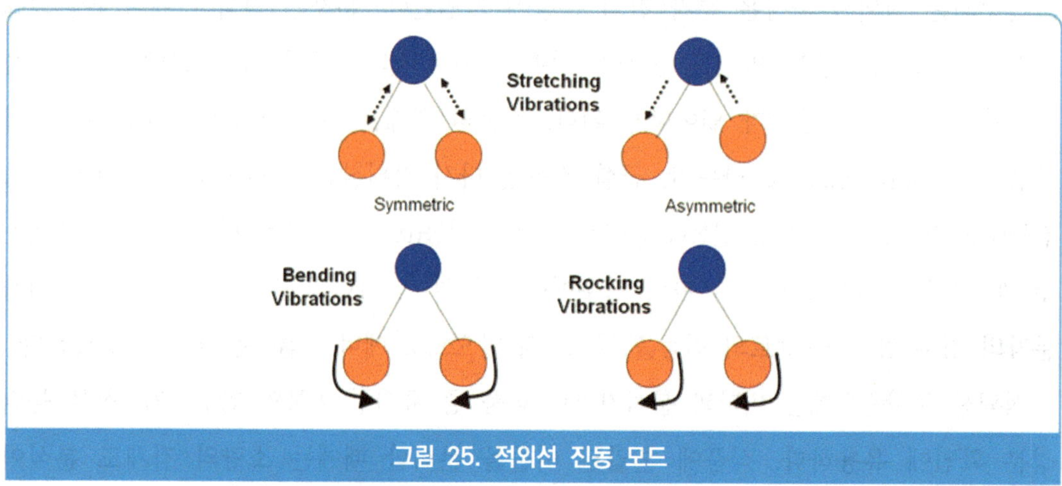

그림 25. 적외선 진동 모드

[출처 : ABB Asea Brown Boveri Ltd]

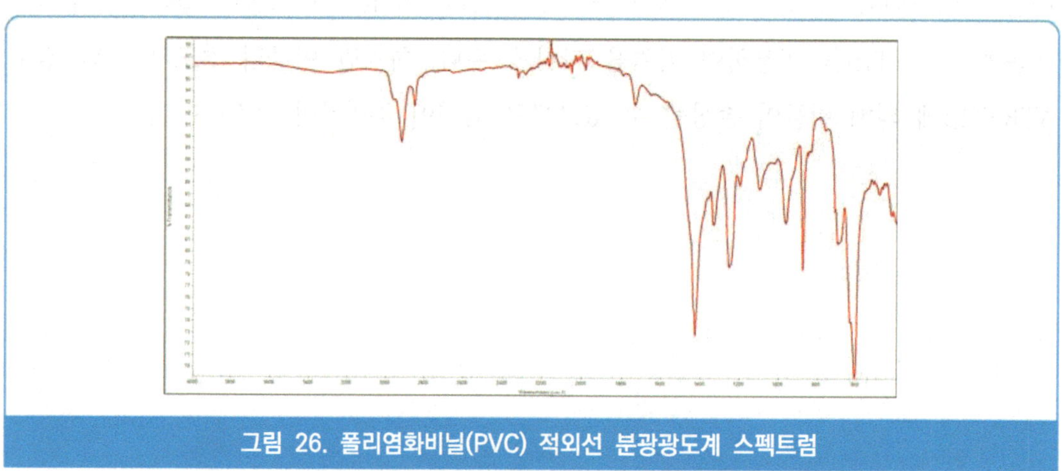
그림 26. 폴리염화비닐(PVC) 적외선 분광광도계 스펙트럼

표 13. 진동방식 및 작용 그룹의 peak 강도

진동방식		진동수(cm^{-1})	강도
C-H	Alkane (stretch)	3000-2850	강
	-CH3 (bend)	1450, 1375	중
	-CH2- (bend)	1465	중
	Alkene (stretch)	3100-3000	중
	Alkene (out-of-plane bend)	1000-650	강
	Aromatic (stretch)	3150-3050	강
	Aromatic (out-of-plane bend)	900-690	강
	Alkyne (stretch)	~3300	중
	Aldehyde	2900-2800, 2800-2700	중
C=C	Alkene	1680-1600	중-약
	Aromatic	1600, 1475	중-약
C≡C	Alkyne	2250-2100	중-약
C=O	Aldehyde	1740-1720	강
	Ketone	1725-1705	강
	Carboxylic acid	1725-1700	강
	Ester	1750-1730	강
	Amide	1680-1630	강
	Anhydride	1810, 1760	강
	Acid Chloride	1800	강
C-O	Alcohol, ether, ester, carboxylic acid, anhydrous	1300-1000	강
OH	Free	3650-3600	중
	H-bonded	3400-3200	중
	Carboxylic acid	3400-2400	중

진동방식		진동수(cm^{-1})	강도
N-H	primary, secondary amine & amide stretch bend	3500-3100 1550-1460 1350-1000	강-중
C-N	Amine	1690	강-중
C=N	Imine, Oxime	1640	강-약
C≡N	Nitrile	2260-2240	중
X=C=Y	Allene, ketene, isocyanate, isothiocyanate	2270-1940	강-중
N=O	Nitro	1550, 1350	강
S-H	Mercaptan	2550	중
S=O	Sulfoxide	1050	강
	Sulfone, sulfonyl chloride, sulfate, sulfonamide	1375-1300 1350-1140	강
C-X	Fluoride	1400-1000	강
	Chloride	785-540	강
	Bromide, Iodide	<667	강

일반적으로 식품 중에서 발견되는 이물들은 그 식품 잔류물 또는 오염물질을 포함하고 있고, 이 성분들이 FT-IR 스펙트럼에 영향을 미친다. 식품 잔류물인 경우에는 제조 또는 소비 단계에서 혼입된 것으로 대부분 지방 성분이다. FT-IR을 이용하여 유기성분 함유 이물을 동정하기 위해서는 식품의 잔류물 및 오염을 물질을 제거할 필요가 있다. 가장 효과적인 제거 방법은 헵탄(heptane)을 이용하여 일정시간 세척하는 것이다. 이때 부착되어 있는 물질들이 이물의 혼입장소 및 혼입시기의 정보를 얻을 수 있는 중요한 자료가 될 수 있기 때문에 세척 전후의 이물의 스펙트럼을 측정하여 각각을 비교하는 것이 좋다.

FT-IR을 이용하여 이물을 분석할 때 KBr과 혼합하여 필름을 제작한 후 측정하면 S/N 비가 큰 스펙트럼을 얻을 수 있지만, 양이 적고 검체의 보존이 필요한 이물을 분석할 때에는 적용하기 어렵다. 따라서 헵탄으로 이물을 세척하여 부착되어 있는 다른 물질을 제거하고 ATR법으로 측정하는 것이 좋다.

적외선분광광도계로 분자구조를 측정할 수 있는 주요 유기성 물질의 종류 및 특성은 다음과 같다.

(가) 합성수지

합성수지는 크게 열가소성과 열경화성으로 구분할 수 있는데 각각 제조공정 및 물리적인 성질이 다르며, 이 차이로 인하여 FT-IR 스펙트럼도 차이를 나타내게 된다. 열가소성 합성수지는 화학적 구조가 열경화성 수지보다 상대적으로 간단하며 같은 합성수지인 경우 기구용기, 포장지, 주방용품, 공장에서 사용되는 부품의 용도에 대한 차이가 없는 비슷한 스펙트럼을 나타낸다. 반면 열경화성수지는 그물형 분자구조를 형성하여 높은 열 안정성, 높은 견고성, 높은 형태 안정성, 하중하의 큰 변형저항, 가벼운 무게, 높은 전기 및 열 절연성 있으며 재생 및 재사용이 불가능하다. 망 분자구조(cross linked)를 가지기 때문에 FT-IR 스펙트럼이 복잡하고, 또한 제조회사와 사용 제품의 종류에 따라 다양한 스펙트럼을 나타낸다.

열가소성 합성수지에는 폴리에틸렌(Polyethylene, PE), 폴리염화비닐(Poly Vinyl Chloride, PVC), 폴리프로필렌(Polypropylene, PP), 폴리스티렌(Polystyrene, PS), 폴리아크릴로니트릴(Polyacrylonitrile, PAN), SAN 수지 또는 AS수지(Styrene-acrylonitrile copolymer, SAN), ABS수지(Acrylonitrile-butadiene-styrene copolymer, ABS), 불소수지(Fluoroplastic resin), 폴리아미드(Polyamide, PA, Nylon), 폴리카보네이트(Polycarbonate, PC), 폴리아세탈(Polyacetal, POM), 폴리에스테르(Polyester) 등이 있고, 열경화성 합성수지에는 페놀 수지(Phenolics), 에폭시 수지(Epoxy Resins), 멜라민 수지(Melamine resins), 요소 수지(urea resins) 등이 있다.

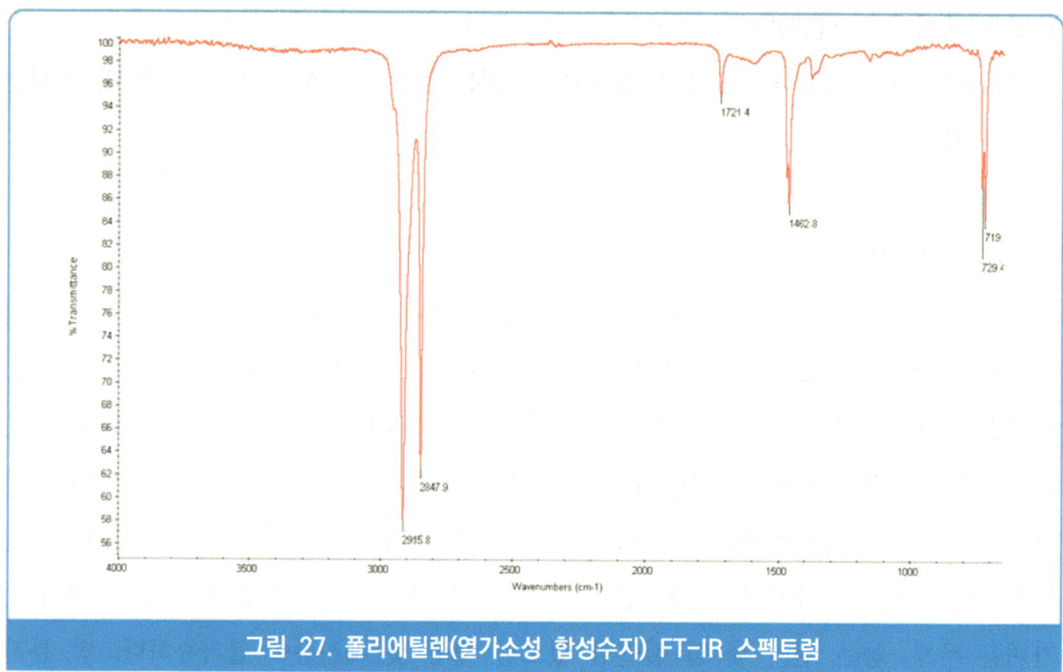

그림 27. 폴리에틸렌(열가소성 합성수지) FT-IR 스펙트럼

* 폴리에틸렌 주요 피크

CH_2: 2924 cm^{-1} (Very intense and sharp)

CH_2: 2857 cm^{-1} (Intense, sharp)

CH_2: 1473, 1463 cm^{-1} (Intense. Doublet due to crystallinity)

CH_2: 731, 720 cm^{-1} (Medium. Doublet due to crystallinity)

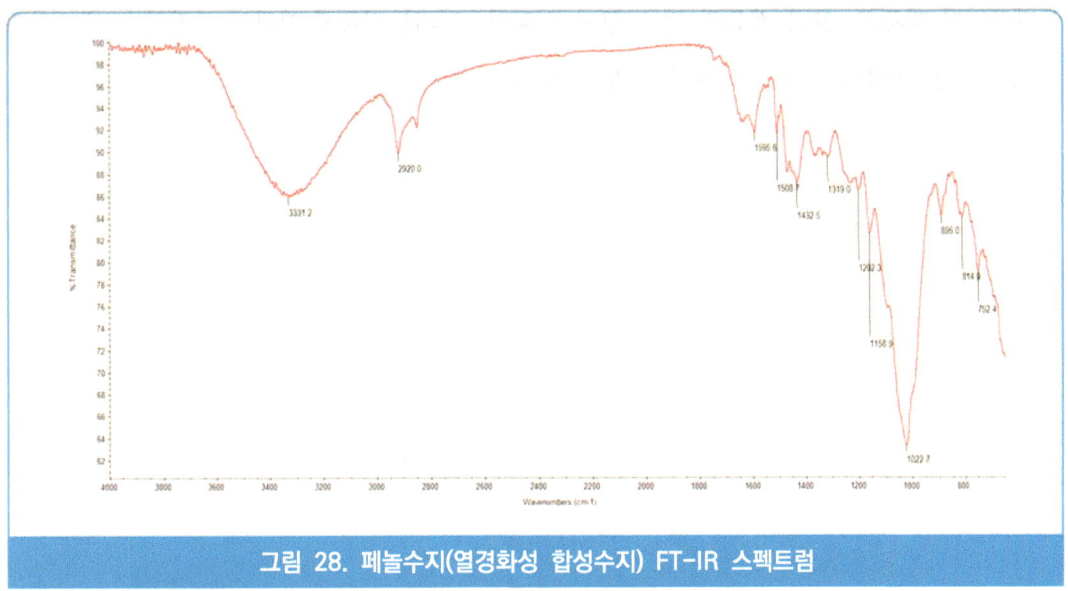

그림 28. 페놀수지(열경화성 합성수지) FT-IR 스펙트럼

* 페놀수지의 주요한 피크

OH of phenol and of CH_2-OH: 3370-3350 cm^{-1}, (Very intense, wide)

C-H aromatic: 3010 cm^{-1} (Weak)

CH_2: 2960 cm^{-1} (Medium, complex)

arom. ring(v1): 1612, 1595 cm^{-1} (Intense doublet, sharp)

arom. ring(v2): 1515 cm^{-1} (Intense, sharp)

OH phenol: 1370 cm^{-1} (Intense, wide)

OH phenol: 1235 cm^{-1} (Very intense, wide)

C-O-C oxymethylene bridge ca. 1050 cm^{-1} (Variable, complex)

C-O of the CH_2-OH group: ca. 1000 cm^{-1} (Variable, complex)

(나) 섬유

FT-IR을 이용하여 섬유로 추정되는 이물을 분석할 때 측정 전에 헵탄(heptane)으로 세척하여 식품 성분 등을 제거하는 절차가 필요하며, 또한 세척 전·후의 스펙트럼을 비교하는 것이 좋다. 섬유 이물은 다른 이물들과 달리 섬유 자체에 빈 공간이 많이 있어서 FT-IR로 측정 시 S/N 비가 큰 선명한 스펙트럼을 얻기 힘들다. 칼 등을 이용하여 보풀을 만들고 KBr pellet 제작법과 유사하게 압축하거나, 보풀 자체를 ATR mode로 측정하면 선명한 스펙트럼을 얻을 수 있다. 일반적으로 섬유의 종류에 따라

스펙트럼이 다르고, 혼방 섬유의 경우 구성 원료의 종류와 비율에 따라서 복잡한 스펙트럼을 나타내지만 색상에 따른 큰 차이는 보이지 않는다.

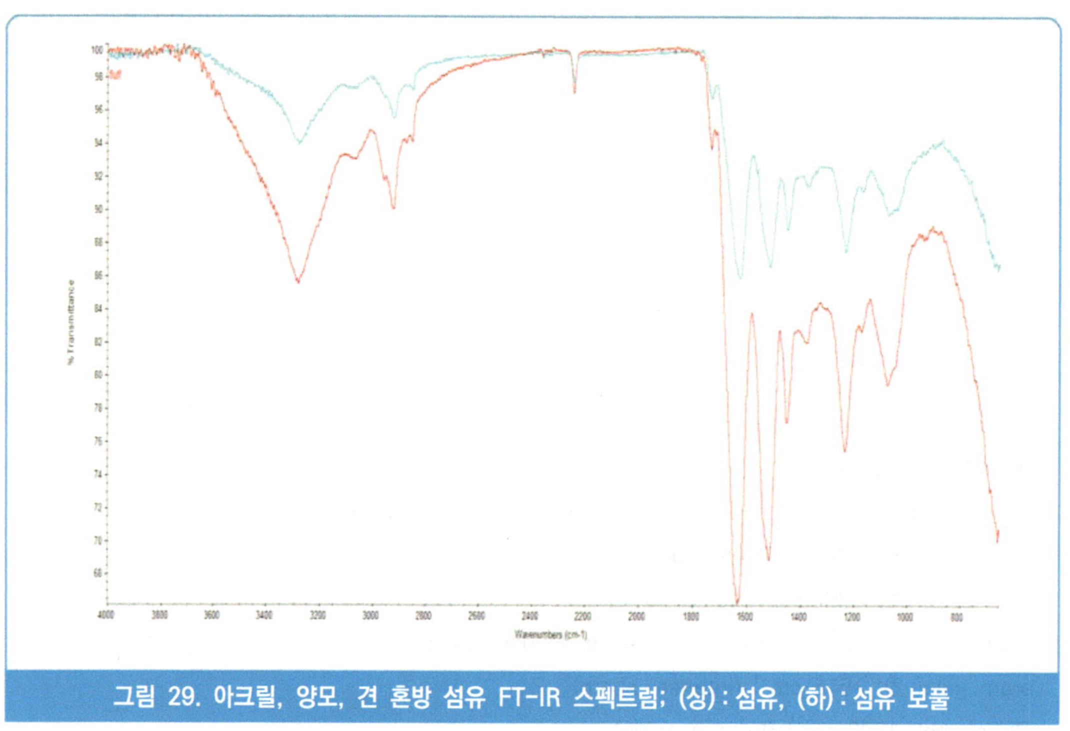

그림 29. 아크릴, 양모, 견 혼방 섬유 FT-IR 스펙트럼; (상) : 섬유, (하) : 섬유 보풀

천연섬유에는 식물 섬유(면화, 아마 등), 동물 섬유(견, 양모 등), 광물 섬유(석면) 등이 있다. 일반적으로 천연섬유 FT-IR 스펙트럼은 구조가 복잡하고 원산지나 제조 시기에 따라 스펙트럼에 차이를 보인다. 합성섬유는 유기화학 반응으로 고분자를 합성하여 제조한 것으로 폴리아미드계, 폴리에스테르계, 폴리아크릴계가 대표적이며, 아크릴로나이트릴, 폴리비닐알코올, 폴리염화비닐, 폴리염화비닐리덴, 폴리프로필렌, 폴리우레탄 섬유 등이 있다. 이들은 원사나 원단에 관계없이 열가소성 합성수지와 유사하게 비교적 간단한 FT-IR 스펙트럼을 나타낸다.

이 밖에 섬유는 고유의 형태를 가지고 있으므로 측면 및 단면의 형태학적 특성을 관찰하거나 연소시험, 용해시험을 실시하면 섬유의 종류를 추정할 수 있다.

표 14. 섬유의 형태학적 특성

구분	분류	종류	측면	단면
천연 섬유	식물 섬유	면	납작한 형태로 꼬여 있음	구부러진 관의 형태로 중공이 있음
		마	섬유 방향으로 줄이 있음	다각형 또는 타원형으로 중공이 있음
	동물 섬유	견	표면이 매끈함	삼각형에 가까움
		양모	동물 털 특유의 모표피 비늘 형태가 있음	원형 또는 타원형
인조 섬유	재생 섬유	레이온	섬유 방향으로 줄이 있음	불규칙적인 톱니 또는 꽃의 형태
		모달	섬유 방향 줄이 있지만 레이온 보다 적음	하트 또는 불규칙적인 꽃잎의 형태를 보임
	반합성 섬유	아세테이트	섬유 방향으로 1~2 가닥의 선이 있음	클로버 또는 매화꽃 형태
	합성 섬유	나일론	표면이 매끈하며 지름이 일정함	대부분 원형으로 일부는 이형단면의 형태를 보임
		아크릴	종류에 따라 다양하지만 보통 매끈한 표면을 가지고 있음	원형 또는 땅콩형
		폴리에스터	표면이 매끈하며 지름이 일정함	원형, 삼각형, 육각형, 중공형 등 다양함
		폴리프로필렌	표면이 매끈하며 지름이 일정함	원형
		스판덱스 (PU80% 이상)	표면이 매끈함	원형, 꽃잎형 등 다양한 형태를 보임

3. 생물학적 분석

가. 생물학적 분류·동정

(1) 동물 털

식품에서 이물로 발견되는 털은 대부분 사람의 머리카락이다. 그 이외에 혼입확률이 높은 동물의 털은 애완동물로 키우는 개나 고양이의 털, 요리용 또는 세척용으로 사용하는 돼지나 말의 털, 의류에 사용하는 양, 거위, 오리의 털 등이 있다.

털은 피부 밖으로 노출되어 있는 모간부와 피부 내에 위치한 모근부로 구분할 수 있는데 이 중 모간부는 모표피(Cuticle), 모피질(Cortex), 모수질(Medulla)로 구분된다. 모표피는 죽순 껍질 및 비늘의 형태로 모발을 감싸는 형태로 겹쳐져 있는 부분이고 모피질은 피질세포(케라틴 단백질)와 세포간 결합물질(말단결합·펩티드)로 구성되어 있는 모표피 안쪽에 위치한 부분이며 모수질은 각화된 케라틴 피질세포가 모발의 세로 방향(섬유질)으로 비교적 규칙적으로 나열된 중심부에 위치한 부분이다. 모표피는 형태에 따라 보관형, 비늘형으로 구분할 수 있는데 보관형에는 단순 보관형, 톱니모양 보관형, 이빨이 있는 톱니모양 보관형 등이 있고 비늘형에는 물결형, 모자이크형, 산모양형, 꽃잎형, 빗살형, 피침형 등이 있다. 모수질의 형태는 단순 연속형, 불규칙적인 결절형, 격자형, 원형, 조각형, 흔적형, 사다리형(단세포, 다세포), 칠보자기형, 역칠보자기형, 초승달형 등으로 구분할 수 있다.

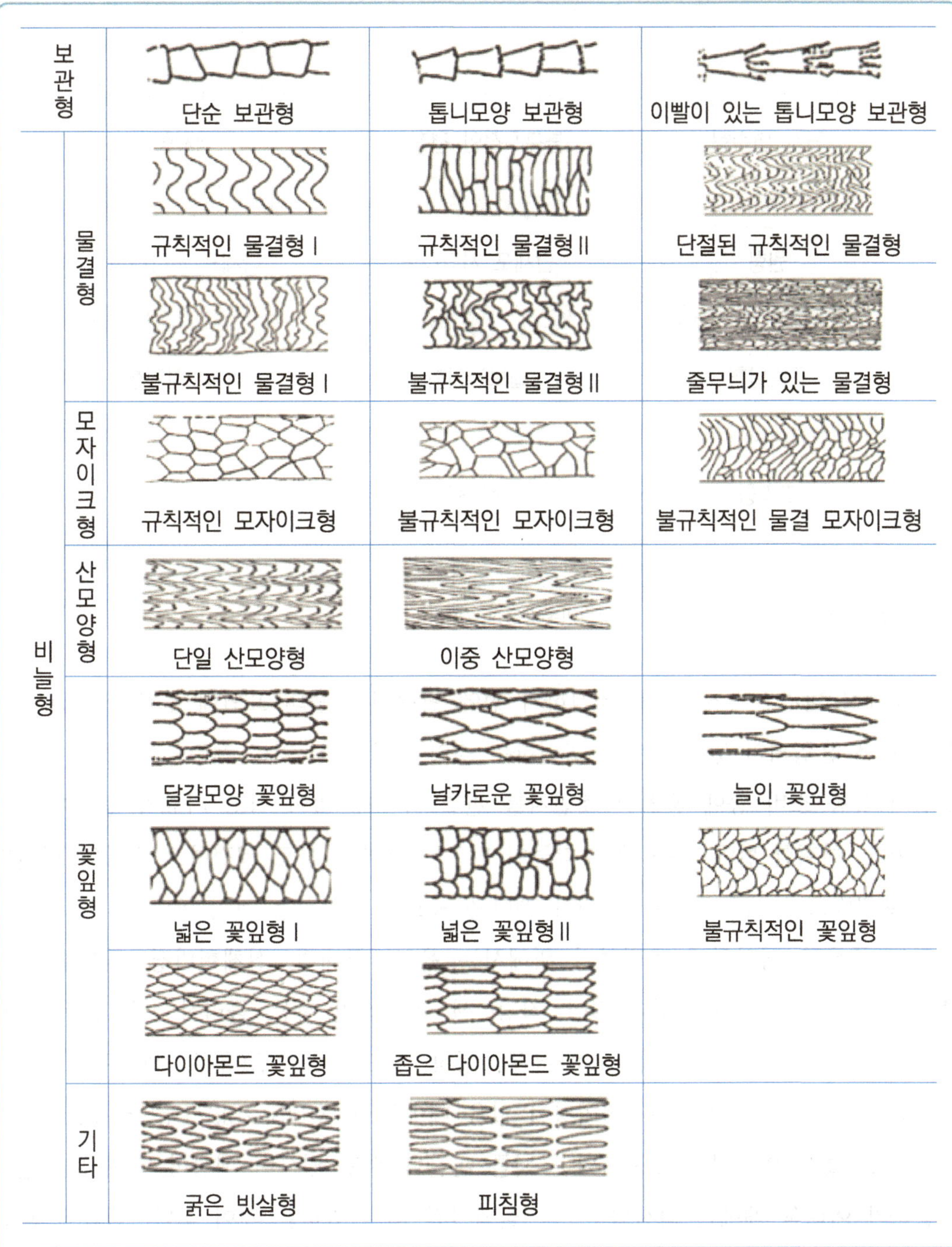

그림 30. 동물 털 모표피 무늬 유형

[출처 : 천연섬유와 모피식별 아틀라스, 국립민속박물관, 2005]

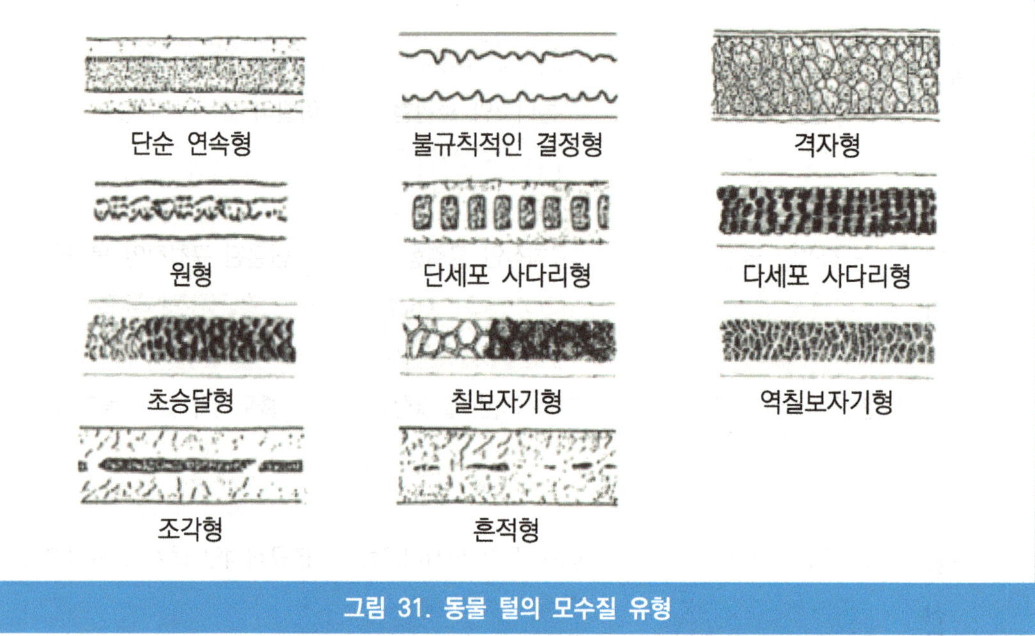

그림 31. 동물 털의 모수질 유형

[출처 : 천연섬유와 모피식별 아틀라스, 국립민속박물관, 2005]

식품에서 발견된 동물 털을 조사하기 전에 단순히 식품의 표면에 부착되어 있는지, 식품 속에 혼입되어 있는 것인지 확인하는 것이 중요하다. 이는 제조공정 중에 혼입된 것인지 유통·소비 중에 혼입된 것인지를 판별하는 데 있어 참고 자료가 될 수 있기 때문이다. 채취한 털에 식품 등 부착물이 많은 경우에는 물로 세정하고 소량의 세제를 묻혀 손가락으로 세정 후 수세하거나 에탄올 등으로 세척하는 것이 좋다.

털의 종류를 명확하게 판별하기 위해서는 육안, 확대경, 실체현미경, 광학현미경, 주사전자현미경 등을 이용하여 길이, 직경, 색, 전체적인 형상, 물리적 손상 흔적(절단, 가열 및 건조), 크기의 변화, 표피(유무, 형상, 밀도), 모수질(유무, 색, 형상) 등을 관찰하는 것이 좋다. 주사전자현미경이 없을 때에는 SUMP(Suzuki Universal Micro Printing) 법을 이용하여 모표피의 무늬를 관찰할 수도 있으며 색상이 진해 모수질을 관찰하기 어려울 때에는 과산화수소로 탈색시킨 후 관찰하는 것이 좋다. 식품에 혼입될 가능성이 있는 사람의 체모 및 동물 털의 관찰 결과를 데이터베이스화 하면 털이 이물로 발견되었을 때 신속하고 정확하게 판별할 수 있다.

◎ SUMP·프레파라트 제작 방법

- 검체(털)를 70% 에탄올로 세척한 후 건조시킨다.
- 검체를 셀룰로이드 판에 놓고 붓으로 SUMP액을 바른다.
- 약 1분 후 SUMP액이 휘발되면 검체를 셀룰로이드 판에서 떼어낸다.
- 셀룰로이드 판 표면에 무늬가 새겨지면 뒷면을 광학현미경으로 관찰한다.

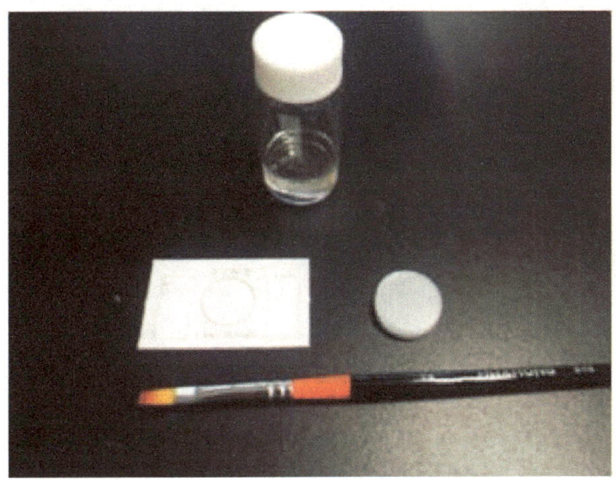

〈SUMP Kit〉

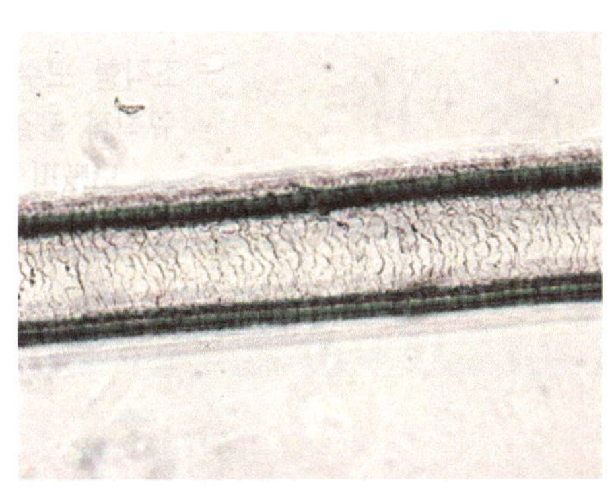

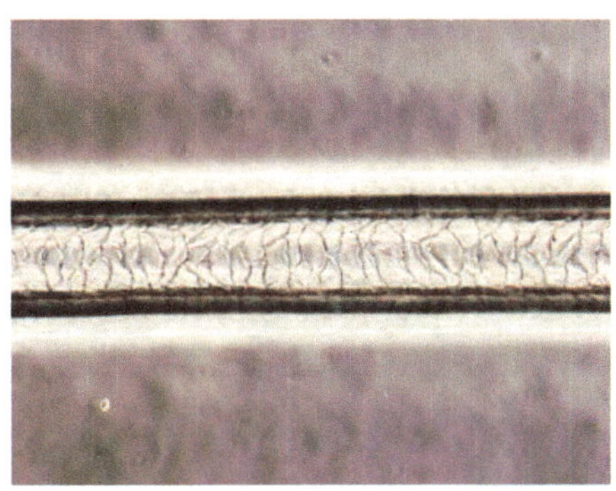

그림 32. SUMP·프레파라트 관찰 결과; (좌) : 사람 머리카락, (우) : 개 털

	실체현미경	광학현미경	주사전자현미경	SUMP	비고
머리카락	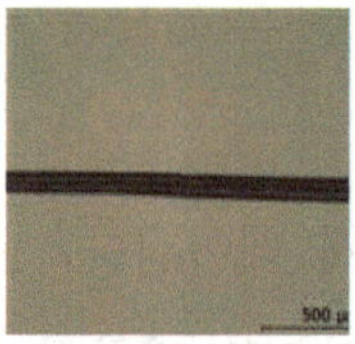	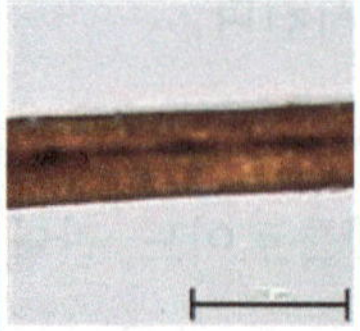		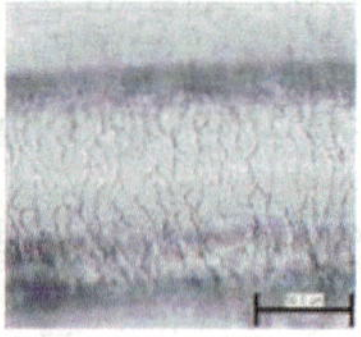	가늘고 불연속 모수질/ 불규칙 물결형 모표피
소털	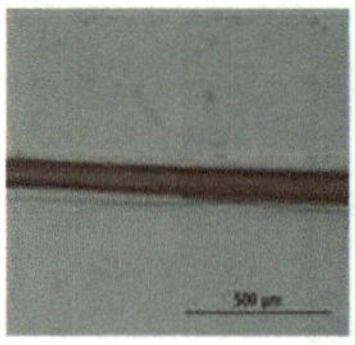	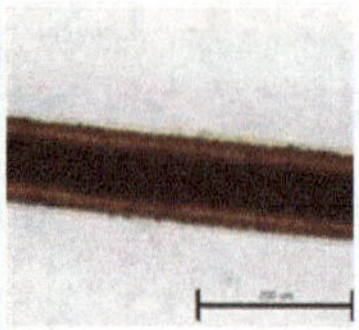		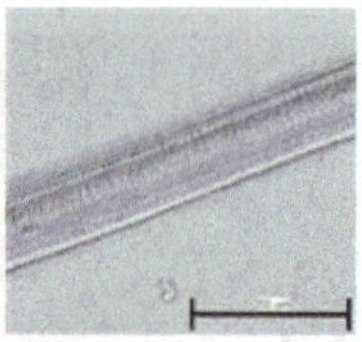	단순 연속형 모수질/ 규칙적 물결형 모표피
토끼털	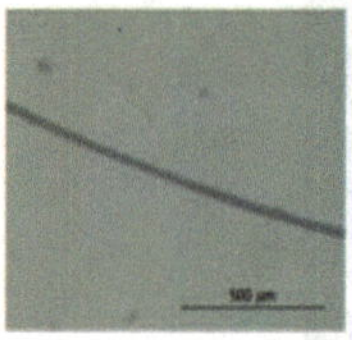	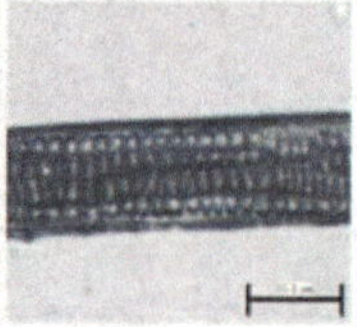		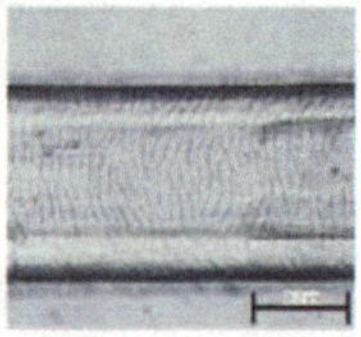	다세포 사다리형/ 규칙적 물결형 모표피
쥐털	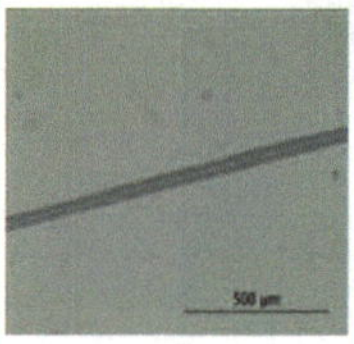	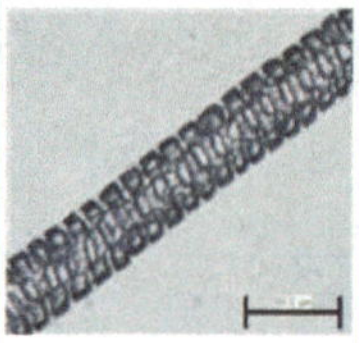	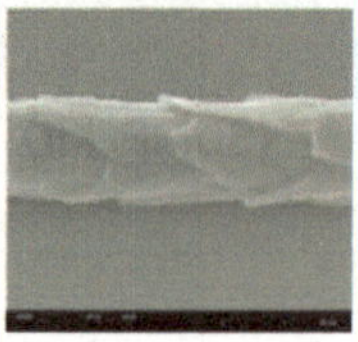	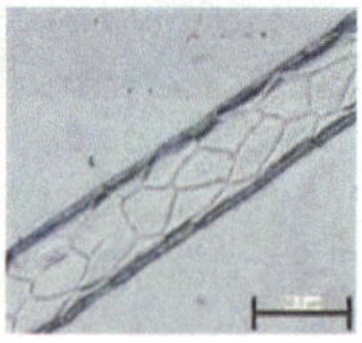	사다리형 모수질/ 다이아몬드 꽃잎형 모표피
진돗개털	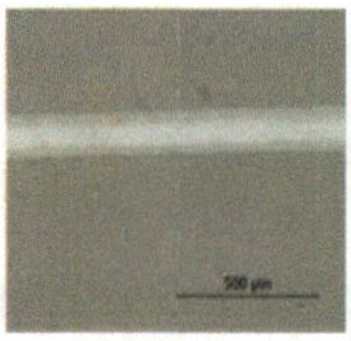	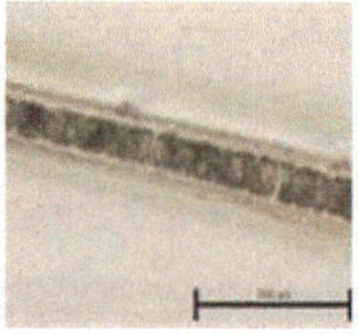	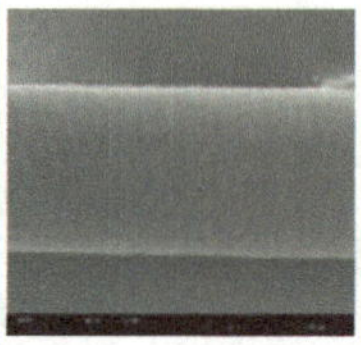	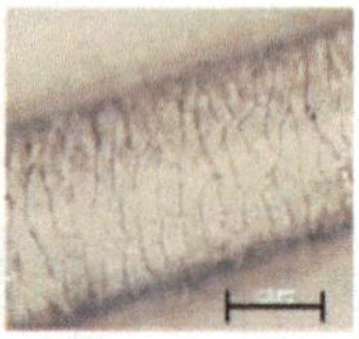	조각형 모수질/ 규칙적 물결형 모표피

그림 33. 동물 털의 형태학적 특성 비교

표 15. 사람의 체모 및 동물 털의 특성

구분	사람의 체모	동물 털
색상	전체적으로 색상이 일정하며 염색을 한 경우 경계면이 확실함	모근부와 모간부의 색상이 다른 경우가 많으며 중간에 색상이 변화되는 경우가 있음
두께	일반적으로 모근부를 제외한 모간부의 두께가 일정함	모간부 또는 털 끝이 부풀어져 있는 경우가 있음
횡단면	원형 또는 타원형으로 형태의 변화가 없음	원형, 타원형, 쌍원형 등 다양한 형태를 보이며 모간부와 털 끝의 횡단면 형태가 다른 경우도 있음
모표피	무늬가 일정함	일반적으로 모근부, 모간부, 털 끝의 무늬가 다른 경우가 많음
모수질	동물의 털에 비해 얇으며 부분적으로 소실되어 있거나 전혀 없는 경우도 있음	일반적으로 두껍고 종류에 따라 특이한 형태를 보이기도 함
털 끝	절단된 흔적이 있는 경우가 많음	절단면이 거의 발견되지 않음 (애완동물이나 양은 제외)

(2) 곤충

곤충은 동물 중 절지동물문 곤충강에 속하는 모든 생물을 포함하고 있으며, 지금까지 알려진 전체 생물 180만 종 가운데 60%인 약 100만 종이 포함된다.

표 16. 국내 서식 곤충의 분류

강(Class)	목(Order)	대표 종
곤충강 (insecta)	돌좀목(Microcoryphia)	납작돌좀, 왕돌좀 등
	좀목(Thysanura)	좀 등
	하루살이목(Ephemeroptera)	동양하루살이, 강하루살이등
	잠자리목(Odonata)	고추잠자리. 왕잠자리 등
	메뚜기목(Orthoptera)	장삼모메뚜기, 어리귀뚜라미 등
	대벌레목(Phasmatodea)	대벌레, 긴수염대벌레 등
	귀뚜라미붙이목(Grylloblattoda)	비룡갈루아벌레 등
	집게벌레목(Dermaptera)	집게벌레, 밀마디통통집게벌레 등
	강도래목(Plecoptera)	한국강도래, 진강도래 등
	흰개미목(Isoptera)	흰개미 등
	사마귀목(Mantodea)	좀사마귀, 사미귀 등
	바퀴목(Blattodea)	독일바퀴, 이질바퀴 등
	노린재목(Hemiptera)	깍지벌레, 매미충 등
	총채벌레목(Thysanoptera)	노랑총채벌레, 오이총채벌레 등
	다듬이벌레목(Psocoptera)	책다듬이벌레, 어물다듬이벌레 등
	이목(Phthiraptera)	털이, 사람이 등
	딱정벌레목(Coleoptera)	쌀바구미, 거짓쌀도둑거저리 등
	풀잠자리목(Neuroptera)	풀잠자리, 명주잠자리 등
	벌목(Hymenoptera)	애집개미, 양봉꿀벌 등
	날도래목(Trichoptera)	꼬마줄날도래, 나비날도래 등

강(Class)	목(Order)	대표 종
	나비목(Lepidoptera)	화랑곡나방, 담배나방 등
	벼룩목(Siphonaptera)	쥐벼룩 등
	밑들이목(Mecoptera)	밑들이, 참밑들이 등
	부채벌레목(Strepsiptera)	부채벌레 등
	파리목(Diptera)	집파리, 빨간집모기 등
	민벌레목(Zoraptera)	민벌레 등
	털이목(Mallophaga)	닭이, 털이, 소털이, 개털이 등
	흰개미붙이목(Embioptera)	흰개미붙이 등
	뱀잠자리목(Megaloptera)	좀뱀잠자리, 고려뱀잠자리 등
	약대벌레목(Raphidioptera)	약대벌레 등

일반적으로 곤충은 외부 형태에 있어 몸이 머리, 가슴, 배 3부분으로 명확히 구분되는데, 보통 머리에는 1쌍의 더듬이, 1쌍의 겹눈, 1~3개의 홑눈과 1개의 구기가 있다. 가슴은 앞가슴, 가운데가슴, 뒷가슴의 3부분으로 이루어져 있으며, 각 가슴의 마디에는 1쌍의 다리가 있고 가운데가슴, 뒷가슴에는 1쌍의 날개가 붙어있다(날개가 퇴화하여 없는 것도 있다). 배는 원칙적으로 12 마디로 구성되나 뒷부분의 마디가 퇴화하거나 다른 기관으로 변형되기도 하여 대부분 9~11마디로 되어 있다. 이처럼 현미경 등을 이용하여 곤충의 외부, 내부 기관의 미세 형태 및 형질 등을 관찰하고 도감과 비교하여 형태학적 특성을 분석하면 곤충의 종류를 판별할 수 있다. 또한 먹이, 생활사, 생태적 특성 및 서식처 등을 고려하면 동정의 신뢰도를 높일 수 있다. 하지만 식품에 혼입되어 이물로 발견되는 곤충은 온전한 형태보다는 파손된 상태 또는 사체 일부만 남아있는 경우가 많기 때문에 보다 정확한 동정을 위해서는 곤충 분류 전문가의 의견을 참고하는 것이 좋다.

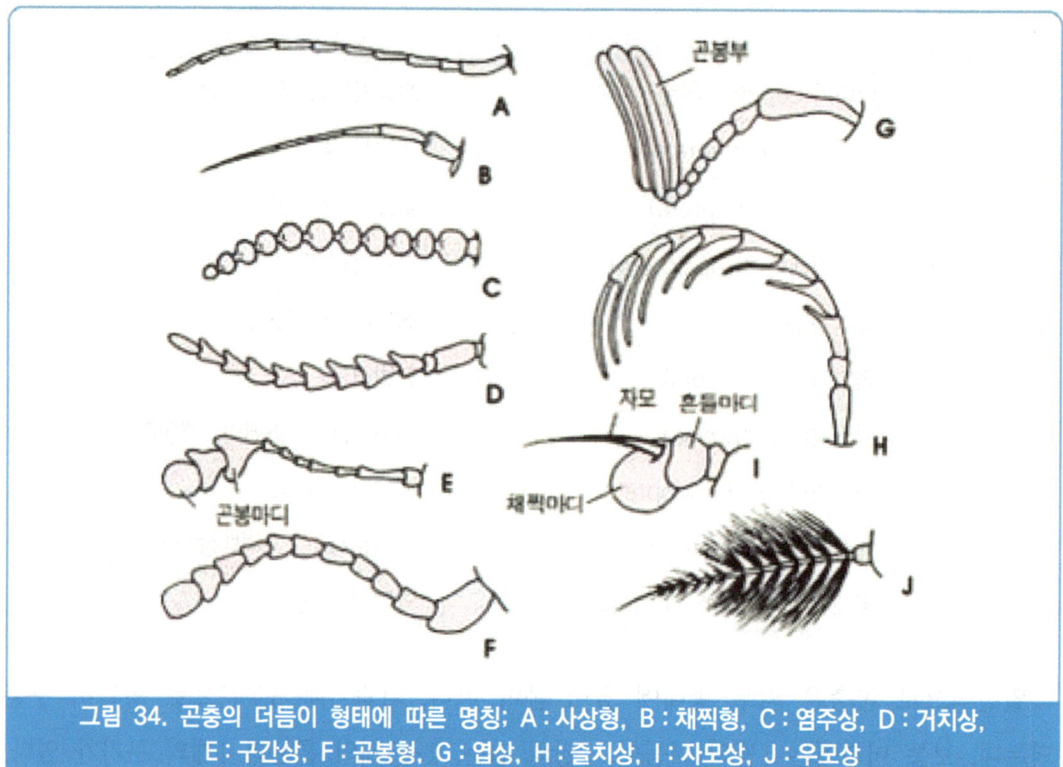

그림 34. 곤충의 더듬이 형태에 따른 명칭; A : 사상형, B : 채찍형, C : 염주상, D : 거치상, E : 구간상, F : 곤봉형, G : 엽상, H : 즐치상, I : 자모상, J : 우모상

[출처 : 농촌진흥청 국립농업과학원 농업유전자원정보센터, http://www.genebank.go.kr/]

그림 35. 벌; (좌) : 재래꿀벌, (우) : 장수말벌

(3) 곰팡이

일반적으로 미생물 동정을 위해서 형태학적, 생화학적, 면역학적, 분자생물학적 방법 등을 사용하고 있으나 곰팡이의 경우 분자생물학적 방법보다는 형태학적 동정에 의존하고 있다. 곰팡이의 형태학적 동정을 위해서는 우선 발생 된 곰팡이가 실제 곰팡이인지, 유사한 형태의 타 이물인지에 대한 판정이 필요하다. 실제 제품이나 공기 중에서 포집한 균사를 형성하는 담자균(버섯)을 자주 발견할 수 있는데 담자균은 분리 배양 시에도 포자를 형성하지 않을 뿐 곰팡이와 매우 유사한 생육 형태를 관찰할 수 있다. 곰팡이임을 확인한 후에는 배지에 분리 배양하여 집락을 관찰함으로써 1차적인 속 동정이 가능하다. 일부 유사한 집락 특성을 보이는 곰팡이 속이 있지만 이 경우 배지를 달리 사용하여 집락을 재관찰하는 것으로 대부분 속 수준의 동정은 가능하다. 이후 종 동정은 현미경을 통해 분생자나 포자 형태를 확인하는 과정이 필요하며 실제 종 동정 단계는 전문적인 장비와 장기간의 관찰을 통한 지식이 필요하다.

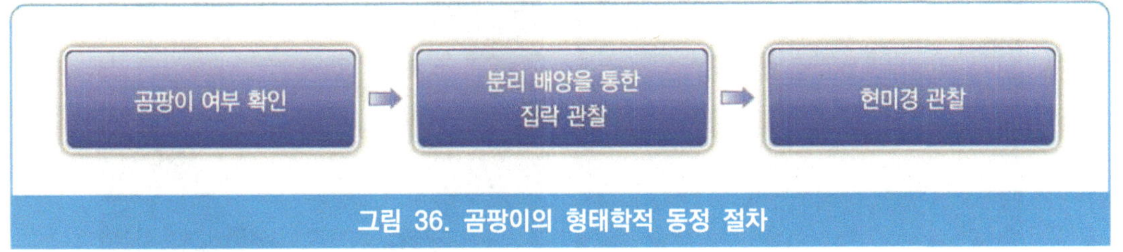

그림 36. 곰팡이의 형태학적 동정 절차

(가) 곰팡이 여부 확인

곰팡이의 가장 큰 특징은 균사를 형성한다는 점이다. 또한 초기 발생 곰팡이는 균사만을 형성하지만 시간이 지나면 포자를 형성하기 때문에 육안으로도 쉽게 곰팡이인지 확인이 가능하다. 만약 균사인지 판단이 어렵다면 배지에 해당 부위를 접종하여 집락을 형성하며 자라는지를 확인해야 한다. 균사를 형성하는 미생물 중에는 곰팡이 외에 담자균(버섯)이 있고 실제 식품이나 식품 공장에서 자주 발견되고 있다. 이 경우 육안으로 판별은 어려우므로 배양을 통해 확인해야 한다. 담자균이 배지에서 자라는 형태는 곰팡이 중 접합균류(*Rhizopus* 속)이나 포자를 형성하지 않고 백색 균사만 형성하는 불완전균류와 유사하다. 이 때 담자균임을 판별하는 방법은 10일 정도 배양하면 담자균은 균사체를 형성하기 위해 균사들이 다발을 이루는 것을 발견할 수 있고 일부 끈적한 액체를 생성하는 것도 확인할 수 있다.

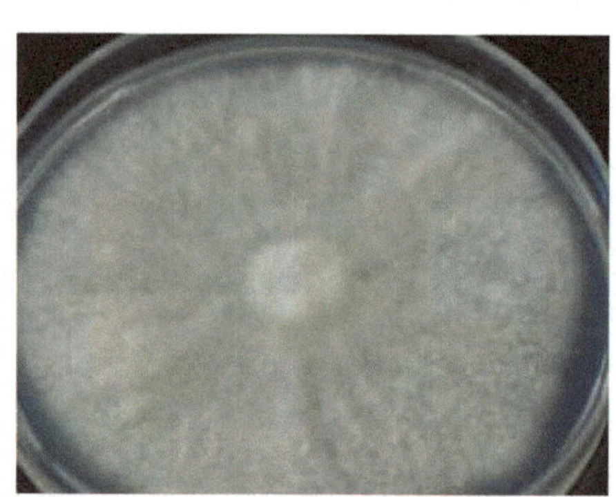

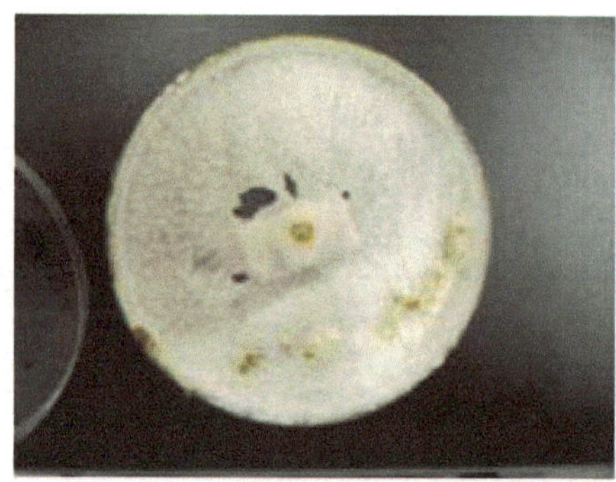

그림 37. 불완전 균류(좌), 담자균 균사체(우) 비교

(나) 배양을 통한 집락 관찰

식품에 발생된 곰팡이의 동정을 위해서는 해당 부위를 배지에 분리 배양하여 집락을 관찰하는 것으로 1차 속 수준의 동정이 가능하다. 가장 일반적인 곰팡이 배지는 PDA(Potato Dextrose Agar)를 사용하지만 경우에 따라 건조한 식품에 발생된 곰팡이는 M40Y, DG18을 비롯한 다양한 배지를 사용할 수 있다.

집락 관찰을 통해 우선 확인할 수 있는 것은 배양 후 4~5일 만에 페트리접시를 가득 채우면서 자라는 경우 접합균류(*Rhizopus* 속)로 판단할 수 있으며 대부분의 곰팡이는 1주일 이상 배양해야 집락 형태를 확인할 수 있다. 집락으로 속 수준의 동정이 가능한 곰팡이는 아래와 같다. 다만 온도, 빛, 영양분 등 환경에 따라 집락 형태나 색이 변할 수 있기 때문에 동일 조건에서의 비교가 필요하며 특히 곰팡이 독소를 생성할 가능성이 있는 속에 대해서는 전문적인 동정이 필요하다.

① 곰팡이(사상균)의 형태학적 특성

집락의 색상과 크기가 균 종에 따라 다양하며 면상, 비로드상, 분말상 등의 집락과 진정균사, 포자, 포자 형성세포가 관찰되며, 길며 실처럼 생긴 구조를 가진 특징을 가진다.

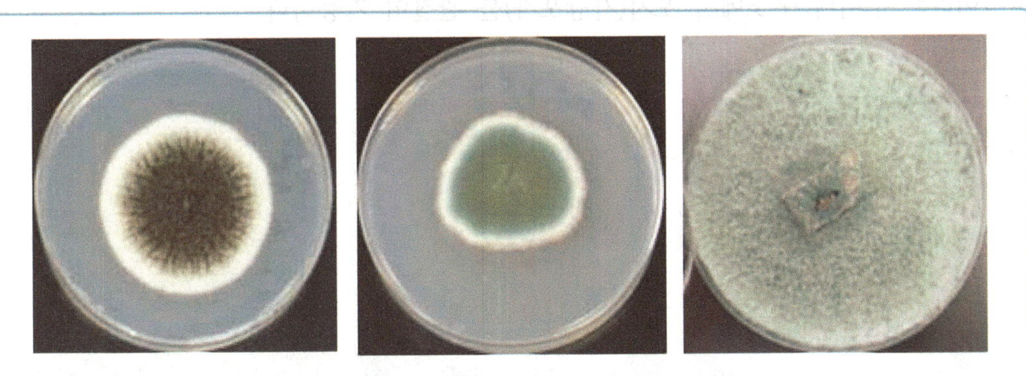

그림 38. 사상균 집락; (좌) : *Aspergillus niger*, (중) : *Penicillium* sp., (우) : *Trichoderma* sp.

② 접합균류

기중균사가 페트리접시 뚜껑에 닿으면서 가득 채운다. 집락의 색상이 흰색, 연갈색, 회백색, 연회색, 회갈색, 회흑색이 된다. 균사는 대부분 무격벽이며 포자낭이 관찰된다.

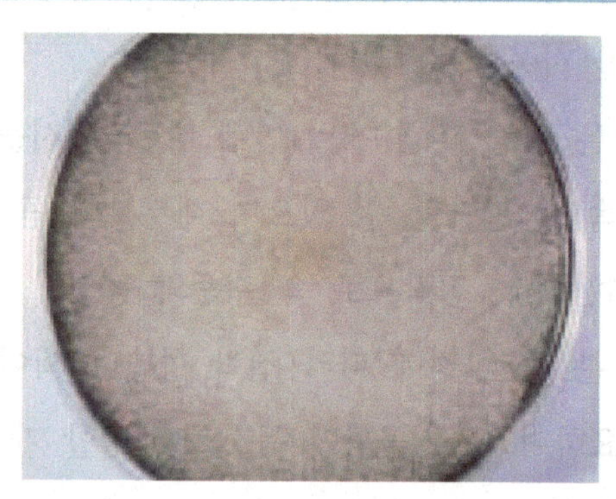
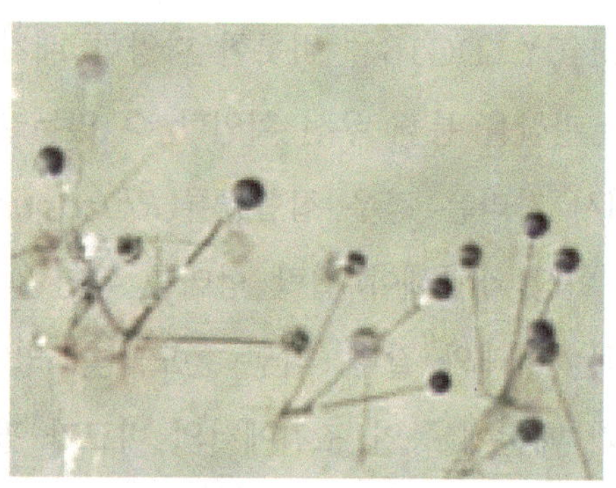

그림 39. 접합균류; (좌) : *Rhizopus* sp. 집락, (우) : *Rhizopus* sp. 포자낭

③ 자낭균류

Eurotium sp.의 집락표면에 형성된 자낭과가 육안 혹은 실체현미경으로 관찰이 가능하다. 가늘고 분지된 균사(hyphase)로 이루어져 있으며, 격벽(septate)을 가지며, 자낭이라는 주머니 구조에서 포자(자낭포자)를 관찰이 가능하다.

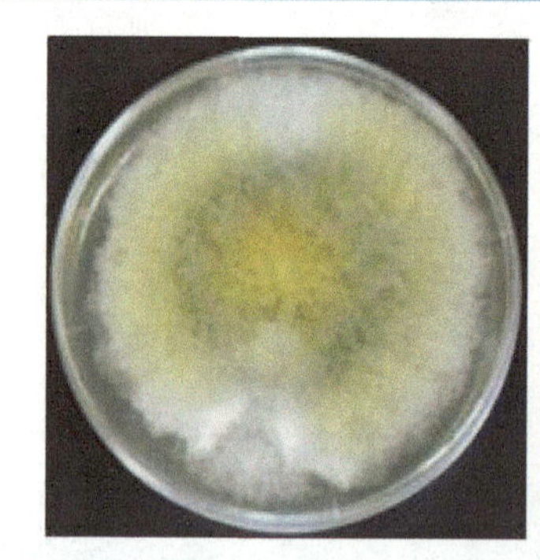
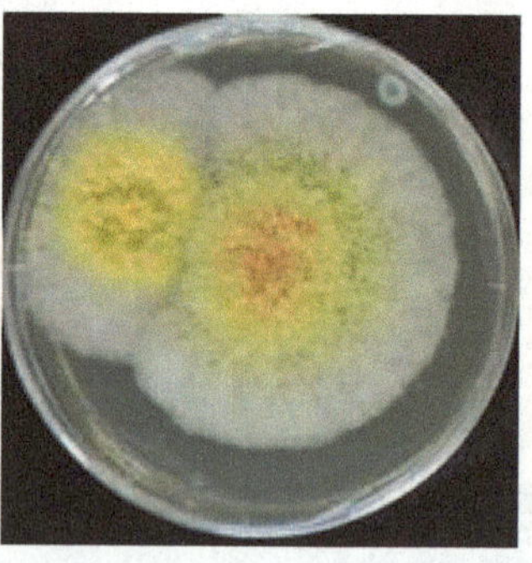

그림 40 자낭균류; (좌), (중) : *Eurotium* sp. 집락, (우) : *Eurotium* sp. 자낭과

④ 대분생자 형성(+)

대분생자를 형성하며 집락과 균사의 색의 유무에 따라 분류할 수 있다. 곰팡이 독소를 생성하는 *Fusarium* sp.는 백색, 핑크색, 보라색 등의 집락을 형성하며 대분생자를 형성한다.

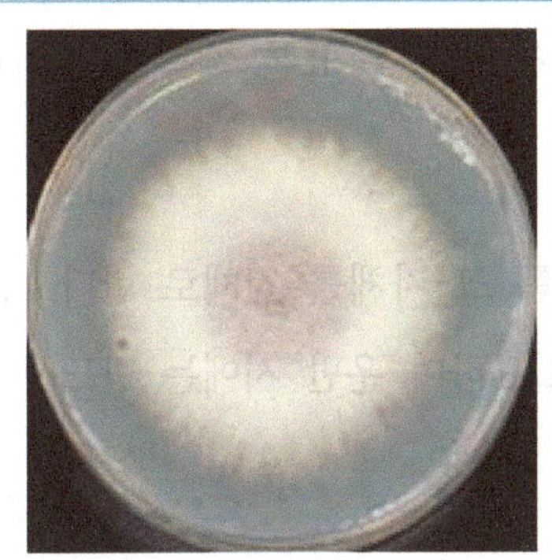
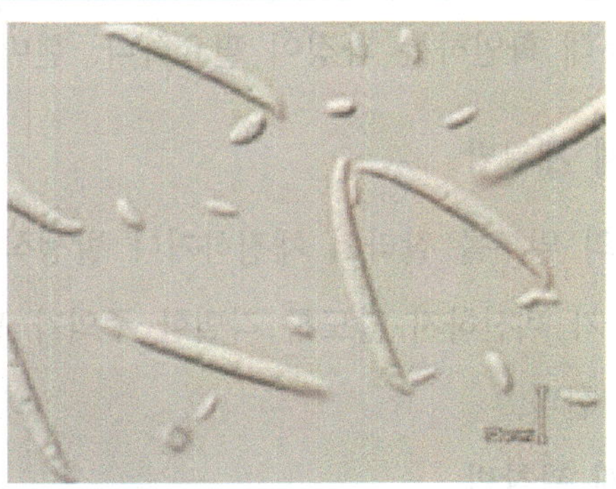

그림 41. 대분생자 형성(+); (좌) : *Fusarium* sp. 집락, (우) : *Fusarium* sp. 대분생자

⑤ 대분생자 형성(-)

대분생자를 형성하지 않고 균사 색의 유무에 따라 분류가 가능하다. 공기 중 널리 분포하고 있는 *Cladosporium* sp.은 유색균사를 형성하여 암갈색, 올리브갈색, 암녹색 등의 비로드상 집락을 형성한다.

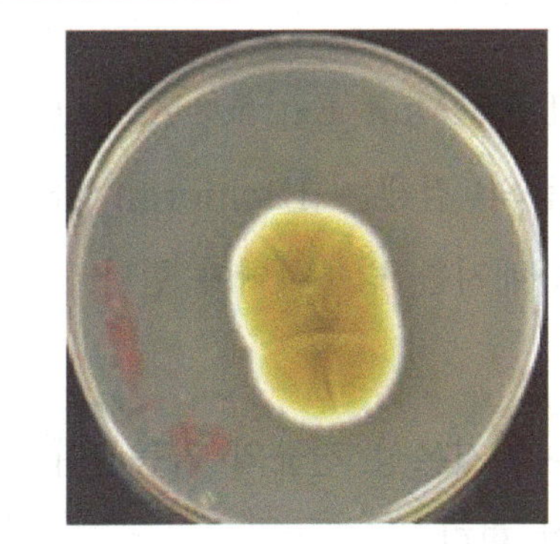

그림 42. 대분생자 형성(-); (좌) : *Cladosporium* sp. 집락, (우) : *Cladosporium* sp. 유색균사

(다) 현미경 관찰

제품에 부착되어 있는 이물이 곰팡이인지 확인하기 위해서는 이물이 제품에 부착되어 있는 상태로 실체현미경을 이용하여 관찰하면 구분할 수 있다. 곰팡이임을 확인한 후에는 배지에 분리 배양한 후 집락을 관찰함으로써 속 동정을 실시해야 하는데, 경우에 따라 다양한 배지에서 배양한 후 집락을 관찰해야 하는 경우도 있다. 이후 종 동정은 현미경을 통해 확인하는 과정이 필요하다. 현미경 관찰용 표본 제작법은 아래와 같다.

① 검체 채취법

대상식품의 일부를 잘라서 채집하거나 발생식품 그 자체를 검체로 한다. 검체의 채집 시에는 포자가 비산하지 않도록 각별한 주의가 필요하며 운반 시에는 반드시 밀폐용기를 사용하여야 한다.

② 검체 관찰법

검체는 육안, 실체현미경, 광학현미경을 이용하여 관찰한다. 현미경 표본은 검체 일부를 침, 메스, 투명한 점착성 테이프 등으로 관찰 부위를 채집하여 슬라이드 표본을 제작하여 관찰한다.

③ 검체 접종법

검체를 무균대 내에서 0.5~1.0 cm의 크기로 무균적으로 자른 후 분리용 배지 한 장당 5~10개 정도 접종한다.

④ 분리배지의 종류와 선택

진균의 분리에는 Potato Dextrose Agar (PDA), Malt Extract Agar (MEA) 등과 같은 배지가 사용되며 고당, 고염, 건조식품 등의 검체는 Dichloran 18 Glycerol Agar (DG18), M20Y 혹은 M40Y 배지와 같은 배지를 병용하여야 한다.

⑤ 배양온도

일반적으로 25 ℃에서 배양하며 냉동식품 혹은 저온성 진균의 가능성이 있는 경우에는 반드시 저온배양(15~20 ℃ 등)을 병행해야 한다.

⑥ 검체배양법과 배양조건

검체 자체를 배양하는 경우가 있고, 이 경우에는 배양 습도를 90% 이상으로 조절할 필요가 있다.

곰팡이는 육안으로 검지할 수 있을 정도로 집락이 생성된 경우 발견되고 이물로 신고된다. 곰팡이의 종 동정을 위해서는 분리 배양을 통해 집락의 특성을 관찰하고 현미경을 통해 분생자나 포자의 형태를 관찰하는 과정이 필요하지만 먹이, 온도, 습도 등 여러 조건에 따라 발육에 차이를 보이기도 한다. 유사한 집락의 특성을 보이는 곰팡이 속이 있기 때문에 주의해야 하며, 보다 정확한 동정을 위해서는 전문가의 의견을 참고하는 것이 좋다.

(라) 곰팡이 관련 기술 용어

- **균사**(Hypha)와 **사상균**(Filamentous) : 곰팡이 중 대부분을 차지하는 사상균의 형태 균사를 형성하는 특징을 가지고 있다.
- **포자**(Spore) : 유성 혹은 무성, 운동성 혹은 비운동성의 증식체를 총칭하는 용어이며 포자의 형태, 발생과정은 곰팡이 분류의 근간이 된다.
- **자낭과**(Ascoma) : 내부 혹은 표면에 자낭을 가지는 구조물
- **자낭**(Ascus) : 내부에 자낭포자를 형성하는 분화된 세포로 이루어진 구조물
- **분생자병**(Conidiophore) : 균사로부터 분화해 분생자를 형성하는 생식균사로서, 일반적으로 영양균사로부터 직립 형성된다. 또한 형태학적으로 영양균사와의 구별이 명확하게 되는 경우와 명확하게 되지 않는 경우가 있다.

• **곰팡이 집락의 성상 표현**

1. 비로드상 : 부드러운 벨벳 모양의 털을 가진 성상(Velutinous, Velvety)
2. 분말상 : 알갱이 모양의, 알갱이가 든 성상(Granular)
3. 면상 : 수북이 털이 난, 양털 모양의 성상(Floccose, Cottony)
4. 평탄 : 평면의, 평평한 면 성상(Plane)

삼출액과 주름이 있는(plicate) 집락

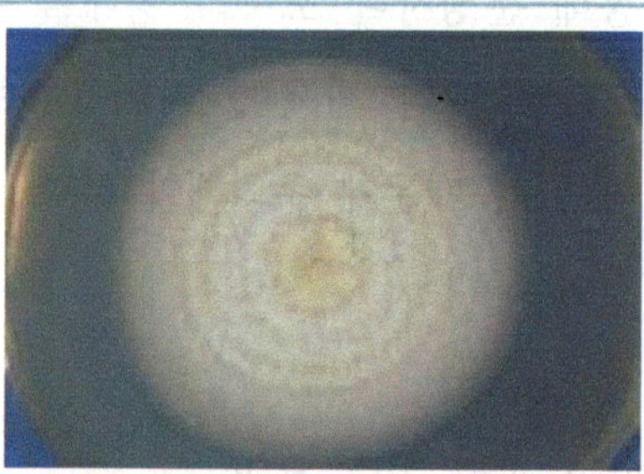

분말상(粉末狀, granular) 집락

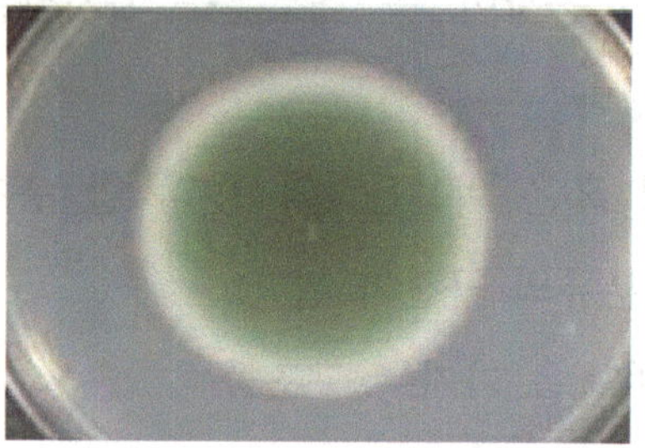

비로드상(velutinous, velvety) 집락

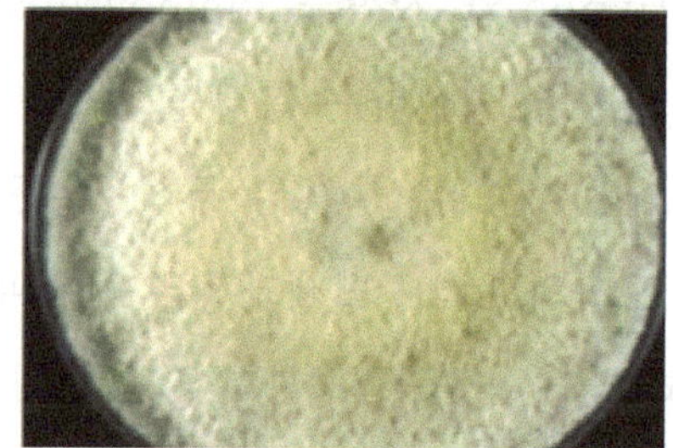

면상(綿狀, floccose, cottony) 집락

그림 43. 곰팡이 집락의 성상

• **분생자** : 포자 가운데 무성생식으로 형성되는 비운동성의 포자를 분생자라고 한다. 형태적으로 다른 크고 작은 2종류의 분생자를 형성하는 것에서는 대분생자, 소분생자라고 한다.

• **곰팡이 분리용 배지** : 배양재료로부터 곰팡이를 분리하는 것을 목적으로 사용되는 배지로는 Potato dextrose agar(PDA), M40Y, Dichloran 18% Glycerol agar (DG18), Malt extract(MEA)등을 사용하며 검사 목적에 따라 배지를 선택하면 된다.

- PDA : 일반적인 진균 분리용 배지로 배지의 조성은 Potato starch 4%, Dextrose 20%, Agar 15%이다.
- M40Y : 배지에 sucrose를 첨가하여 수분활성도를 낮춘 호건성 곰팡이 분리용 배지로서 배지의 조성은 Sucrose 40%, Malt extract 2%, Agar 2%, Yeast extract 0.5%이다.
- DG18 : 호건성 곰팡이 분리용 배지로 배지의 조성은 Dextrose10%, Monopotassium phosphate 1%, Chloramphenicol 0.1%, Bacteriological agar 15%, Peptone 5%, Magnessium sulfate 0.5%이다.

• **호건성 곰팡이** : 건조지대에 서식하거나 건조한 기질에 생육하는 곰팡이로 Eurotium sp., Wallemia sp. 등의 곰팡이 가 있다.

• **접합균류의 형태 용어**

- 가근(Rhizoid) : 기질 표면 혹은 내부에 형성된 식물의 뿌리와 같은 구조의 균사로 기질에 부착하여 영양흡수의 기능을 가진다.
- 포자낭포자(Sporangiospore) : 포자낭의 내부에서 형성된 포자
- 포자낭병(Sporangiophore) : 기질균사 혹은 영양균사로부터 공기 중으로 직립하여 포자낭을 형성하는 균사
- 포자낭(Sporangium) : 접합균류의 무성포자로 형성된 주머니 모양의 구조물로 포자낭병의 선단에 형성된다. 주머니 내부에는 한 개 혹은 수많은 포자낭포자를 형성한다.
- 포자낭막(Sporangium membrane) : 포자낭의 외벽
- 포복지(Stolon) : 가근과 가근을 연결하는 균사로서 Rhizopus의 특징 중 하나이다.

나. 유전자 분석

유전자는 모든 동물 및 식물의 조직 내에 존재하며 식품 제조공정 중 처리되는 압력, 고열 등에 대하여 단백질보다 안정성이 높은 장점이 있다. 분자생물학적 분석기술 발달에 따라 DNA 분자 수준에서 염기서열 차이에 기초한 PCR (Polymerase Chain Reaction) 기법은 종래의 단백질 수준에서 종 감별의 한계성과 문제점을 극복할 수 있는 새로운 기술로 활용되고 있는데, 극소량의 DNA로 특정 염기서열 영역을 특이적으로 증폭함으로써 신속 정확하게 종을 판별할 수 있어 각광을 받고 있다. 동물성 및 식물성 이물의 특성에 따라 다양한 matrix를 가지고 있어 적절한 DNA 추출방법을 확립하는 것이 선행되어야 한다. 또한 이물의 혼입시기 및 혼입경로 등에 따라 유전자가 손상될 수 있기 때문에 순도가 높은 충분한 양의 DNA를 확보하는 것이 중요하다.

생물체의 종 동정을 위한 최소한의 유전자 부위를 증폭하기 위하여 합성된 뉴클레오타이드를 범용 프라이머(Universal primer)라 하는데 이를 이용하여 동물성 및 식물성 이물의 종을 판별할 수 있다.

범용 프라이머를 이용하여 이물의 종을 동정할 때 PCR 후에 염기서열을 결정하는 단계가 추가되어 분석시간이 길고, 데이터베이스에 등록되어 있는 염기서열이 없으면 분석이 어려우며, PCR 산물의 크기가(약 650bp 이상) 커서 적용에 한계가 있다. 그러나 이물과 같이 종류가 불확실한 경우에 우선적으로 사용할 수 있으며 프라이머 개발을 위한 시간적, 경제적인 투자가 필요 없다는 점에서 활용가치는 높다. 또한 신속성, 간편성, 민감도, 특이도 등이 우수하기 때문에 물리학적, 화학적 및 생물학적 분석법을 적용하기 어려운 동물성 또는 식물성 이물의 종 동정에 유리하다.

(1) 유전자 추출

유전자를 추출하는 방법은 매우 다양하며, 시료의 종류와 연구 목적에 따라 적합한 방법을 선택한다. 일반적으로 사용되는 방법으로는 화학적 추출법(예: CTAB 완충용액, Lysis 완충용액)과 기계적 추출법(예: 비드 비팅) 등이 있으며, 상업용 추출 키트를 활용하는 방법도 널리 사용된다. 본 매뉴얼에서는 상업용 추출 키트를 사용하며, 제조사의 매뉴얼을 따라 진행한다. 실험은 식물성 시료와 동물성 시료로 나누어 진행하며, 추출한 유전자는 분광광도계를 이용해 농도와 순도를 확인한 후 유전자 증폭에 활용한다.

(2) 유전자 증폭

추출한 유전자를 증폭하기 위하여 각 검체에 맞는 범용 프라이머(Universal primer)를 사용한다. PCR 반응액은 polymerase, 완충액, $MgCl_2$, dNTP, 증류수, DNA와 primer를 정해진 농도로 조제하여 사용하며 프라이머는 각 검체에 가장 적합한 것으로 선정한다. PCR은 초기변성(Initial denaturation), 변성(denaturation), 결합(annealing), 신장(extension), 최종신장(elongation)의 단계를 거쳐 진행되며 각 단계의 온도와 시간은 해당 primer의 조건에 맞게 설정한다. Primer의 정보와 PCR 조건은 별첨 CD의 Database에 첨부되어 있다. PCR의 결과는 전기영동 통해 확인한다.

(3) 염기서열 분석

PCR 증폭 산물은 상업용 정제 키트를 사용하여 제조사의 매뉴얼에 따라 정제한 후 염기서열을 분석한다. 염기서열 분석 후 편집프로그램을 이용하여 의미 있는 부분의 염기서열만 포함할 수 있도록 결과를 편집하여 미국 국립생물정보센터(National Center for Biotechnology Information, NCBI)의 Nucleotide BLAST에 편집한 염기서열을 FASTA형식으로 입력 후 조회하여 NCBI의 Database 내의 염기서열 정보와 비교·분석하였다.

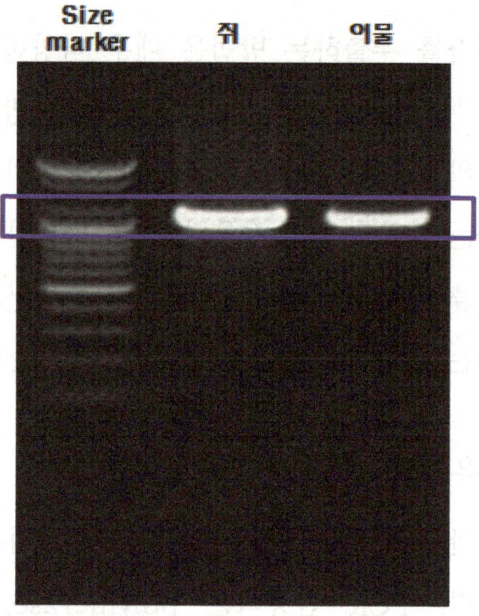

Descriptions

Legend for links to other resources: U UniGene E GEO G Gene S Structure M Map Viewer PubChem BioAssay

Sequences producing significant alignments:

Accession	Description	Max score	Total score	Query coverage	E value	Max ident
FJ842273.1	Rattus norvegicus voucher OT1 cytochrome b (cytb) gene, partial c	595	595	100%	5e-167	100%
FJ842274.1	Rattus norvegicus voucher ER2 cytochrome b (cytb) gene, partial c	595	595	100%	5e-167	100%
HM222710.1	Rattus norvegicus isolate RF-5 cytochrome b (cytb) gene, complete	595	595	100%	5e-167	100%
GU997606.1	Rattus norvegicus strain SS/Jr mitochondrion, complete genome	595	595	100%	5e-167	100%
GU997611.1	Rattus norvegicus strain SR/Jr mitochondrion, complete genome	595	595	100%	5e-167	100%
FJ919762.1	Rattus norvegicus strain PVG/OlaHsd mitochondrion, complete genoe	595	595	100%	5e-167	100%
FJ919761.1	Rattus norvegicus strain F344/DuCrl2Swe mitochondrion, complete g	595	595	100%	5e-167	100%
EU349782.1	Rattus norvegicus cytochrome b (cytb) gene, partial cds; mitochon	595	595	100%	5e-167	100%
DQ673917.1	Rattus norvegicus strain Wild/Tku mitochondrion, complete genome	595	595	100%	5e-167	100%
DQ673915.1	Rattus norvegicus strain T2DN/Mcwi mitochondrion, complete genom	595	595	100%	5e-167	100%
DQ673914.1	Rattus norvegicus strain SS/JrHsd/Mcwi mitochondrion, complete ge	595	595	100%	5e-167	100%
DQ673910.1	Rattus norvegicus strain FHH/Eur mitochondrion, complete genome	595	595	100%	5e-167	100%
DQ673909.1	Rattus norvegicus strain F344/NHsd mitochondrion, complete genom	595	595	100%	5e-167	100%
DQ673908.1	Rattus norvegicus strain ACI/Eur mitochondrion, complete genome	595	595	100%	5e-167	100%
AY769442.1	Rattus norvegicus strain F344 x BN F1 mitochondrion, complete gen	595	595	100%	5e-167	100%
[illegible]	Rat mitochondrial genome fragment from Sprague-Dawley strain fem	595	595	100%	5e-167	100%
AB033713.1	Rattus norvegicus mitochondrial gene for cytochrome b, partial cds	595	595	100%	5e-167	100%
J01436.1	Rattus norvegicus mitochondrial cytochrome B gene; Pro-, Thr-, Glu	595	595	100%	5e-167	100%

그림 44. 일반 프라이머를 이용한 이물 동정 사례

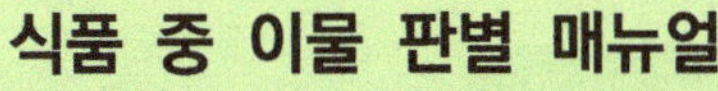

제2장 | 식품 중 이물 판별 사례

제2장 식품 중 이물 판별 사례

1. 어묵 중 어류 뼈 판별

- 이물이 발견된 식품 : 어묵
- 대조품 : 조기 뼈, 조기 이석, 돼지 뼈, 바지락 패각

  * 이물이 발견된 식품의 원료 중 비가식 부위 및 형상이 유사한 뼈 등을 대조품으로 선정

(가) 실험방법

① 실체 현미경을 이용하여 형상을 관찰.

② FT-IR을 이용하여 시료에 적외선을 조사한 후 에너지의 흡수율을 측정하고 스펙트럼 패턴을 비교.

표 17. FT-IR 분석 조건

Instrument	Condition
Detector	DTGS ATR
Beam splitter	KBr
Range limit	400~4000 cm^{-1}
No. of scans	32
Resolution	4

③ XRF를 이용하여 X선을 조사한 시료에서 발생하는 형광 X선을 측정하여 무기성분의 조성을 분석.

표 18. XRF 분석 조건

Instrument	Condition
Acquisition Time	300 s
Process Time	4
XGT Diameter	10 ㎛
X-ray tube voltage	50 kV
Current	1,000 mA
Analysis object Range	^{11}Na ~ ^{92}U

(나) 실험결과

① 이물은 7~9 mm 크기의 황백색 물질로 표면이 매끄러우며 부분적으로 파손되어 있음. 대조품 중 바지락 패각은 바깥 표면에 깊은 골이 형성되어 있고 조기 뼈는 동공이 있으며 골종은 외부로 노출된 동공은 없으나 내부에 다공질이 형성되어 있음. 조기 이석은 표면에 주름과 나이테가 있고 돼지 뼈는 표면이 매끄럽지 않고 동공이 분포되어 있어 이물의 형태와 차이가 있음.

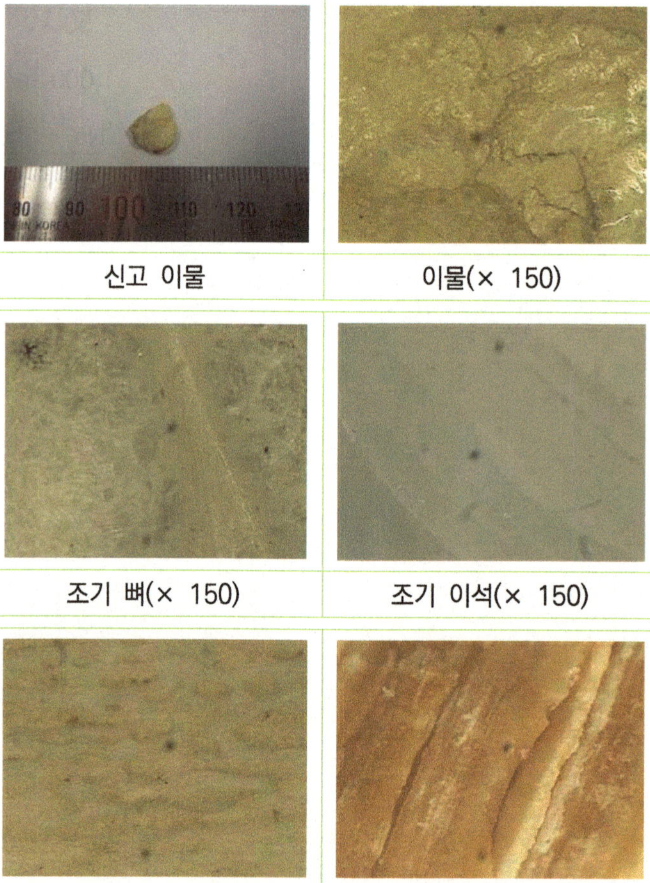

신고 이물	이물(× 150)
조기 뼈(× 150)	조기 이석(× 150)
돼지 뼈(× 150)	바지락(× 150)

그림 45. 외관 검사 결과

② FT-IR 결과 이물은 바지락 패각, 조기 이석과 다른 형태의 스펙트럼 패턴을 나타내며 조기 뼈, 돼지 뼈와 유사한 패턴을 보임.

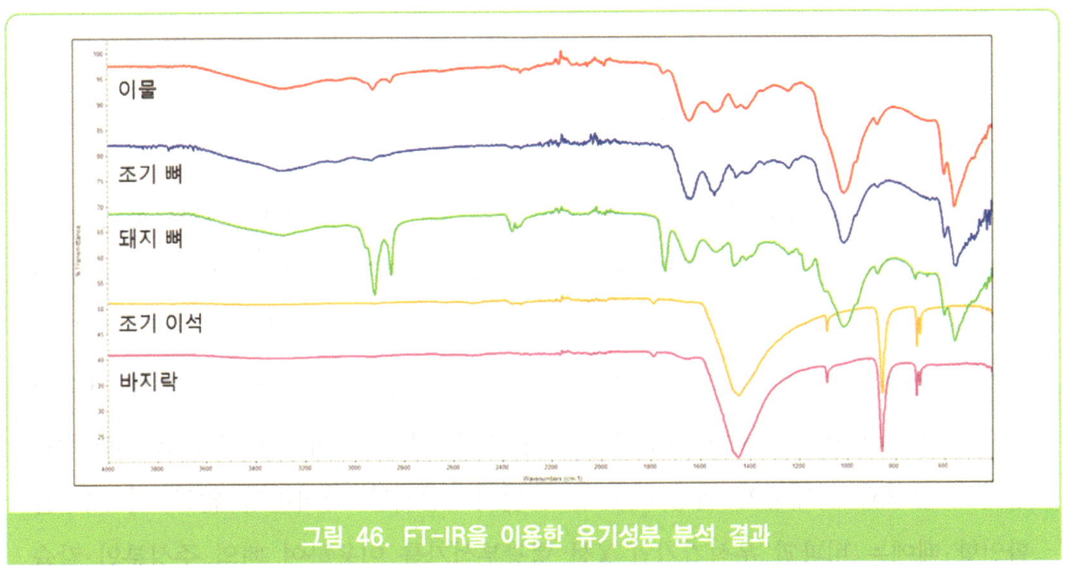

그림 46. FT-IR을 이용한 유기성분 분석 결과

③ XRF를 이용한 무기성분 조성 분석결과와 칼슘-인 비율(Ca/P ratio)을 볼 때 이물은 조기 뼈와 유사함.

표 19. 이물 및 대조품 무기성분 조성 비교

구분	성분(%)									비고
	^{20}Ca	^{15}P	^{11}Na	^{12}Mg	^{16}S	^{17}Cl	^{38}Sr	^{26}Fe	기타	(Ca/P ratio)
이물	55.36	35.09	3.96	3.43	0.98	-	-	-	1.18	1.578
조기 뼈	51.29	36.39	7.83	3.46	0.85	-	-	-	0.17	1.41
조기 이석	94.33	0.71	2.15	-	1.16	1.10	-	-	0.54	132.14
돼지 뼈	69.37	22.81	2.45	3.60	1.07	-	-	-	0.69	3.04
바지락	98.45	0.14	0.33	-	0.18	-	0.35	0.16	0.53	710.08

(다) 결론

FT-IR 스펙트럼 패턴 및 무기성분 조성 결과로 볼 때 이물은 어류 뼈의 일종으로 추정됨.

※ 참고

식육류와 어류 뼈로 추정되는 이물이 있는 경우 먼저 실체현미경으로 표면을 관찰하는 것이 좋다. 대부분의 뼈는 표면이 매끄럽지 않고 부분적으로 동공이 분포되어 있는 특징이 있지만 부위, 가열 여부 등에 따라 다른 형태를 보일 수 있기 때문에 추가 분석이 필요하다. 이물의 양이 많을 경우에는 일부를 떼어낸 후 염산에 침지시켜 기포의 발생여부를 확인하는 것도 좋지만 대부분 크기가 작은 상태로 발견되기 때문에 활용도는 높지 않다. 검체를 파괴하지 않고 뼈 여부를 확인할 때에는 비파괴 분석기기인 X선 형광분석기를 이용하여 뼈의 주성분인 칼슘(Ca)과 인(P)의 조성을 분석하고 그 비율(Ca/P ratio)을 확인하는 방법을 사용하는 것이 좋다. 칼슘과 인의 비율은 뼈의 종류 및 상태를 나타내는 지표로 사용되지만 부위, 연령, 가열 여부, 보관 환경 등의 조건에 따라 차이를 보이기 때문에 주의해야 한다. 그 외에 남방산 갈치에서 빈번하게 발견되는 골종은 척추동물의 골계통에 드물게 생기는 뼈처럼 굳은 양성 종양으로 뼈와 유사한 무기성분 조성을 보인다.

2. 커피생두 중 쥐 분변 판별

- 이물이 발견된 식품 : 커피생두
- 대조품 : 커피생두, 불량 커피생두, 쥐 분변

  * 이물이 발견된 식품 및 형상이 유사한 쥐 분변을 대조품으로 선정

(가) 실험방법

① 실체 현미경을 이용하여 형상을 관찰.

② 슬라이드글라스에 시료를 놓고 메틸렌블루(methylene blue)로 염색한 후 광학 현미경으로 관찰.

③ 알칼리성 인산가수분해효소 검출 시험법을 이용하여 분변 여부를 확인.

(나) 실험결과

① 이물은 약 6 mm 크기의 방추형 물질로 짙은 갈색을 띠고 있고 부분적으로 파손되어 있으며 잘 부서짐. 커피생두는 약 9 mm 크기의 타원형으로 옅은 녹색을 띠고 있고 불량 커피생두는 약 10 mm 크기의 방추형으로 골이 파여져 있음. 쥐 배설물은 짙은 갈색의 방추형 물질로 잘 부서짐.

이물	× 50	× 150
커피생두	× 50	× 150
불량 커피생두	× 50	× 150
쥐 분변	× 50	× 150

그림 47. 외관 검사 결과

② 광학현미경으로 관찰한 결과 이물은 쥐의 분변과 유사하게 털 및 세포 조직으로 추정되는 물질 등이 섞여 있었음. 커피생두와 불량 커피생두는 잘 부서지지 않아 현미경으로 관찰할 수 없었음.

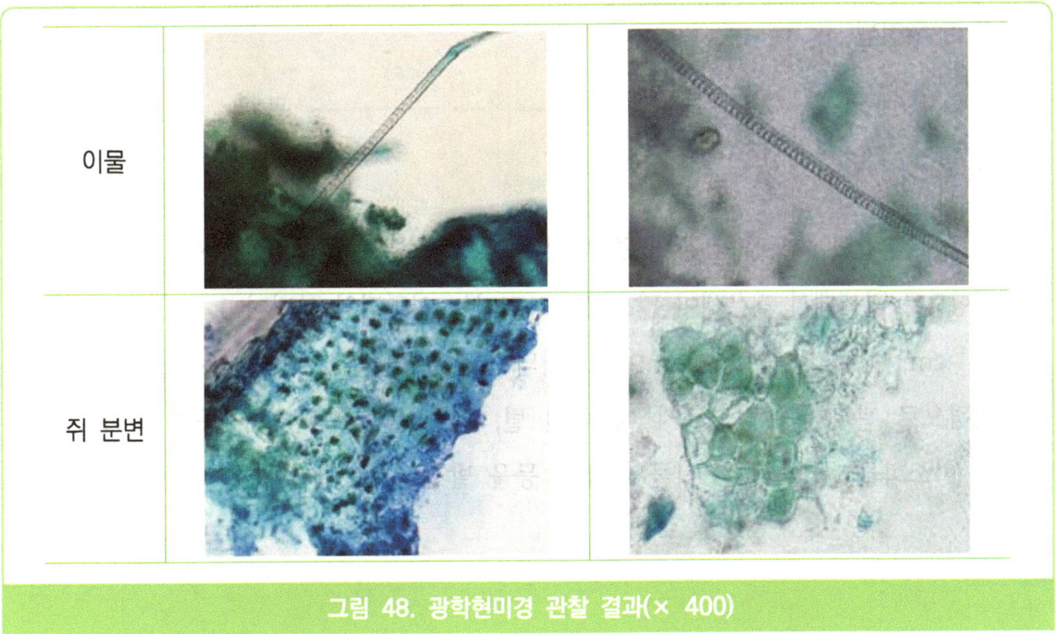

그림 48. 광학현미경 관찰 결과(× 400)

③ 알칼리성 인산가수분해효소 검출 시험 결과 이물과 쥐 분변만 분홍색으로 발색되었음.

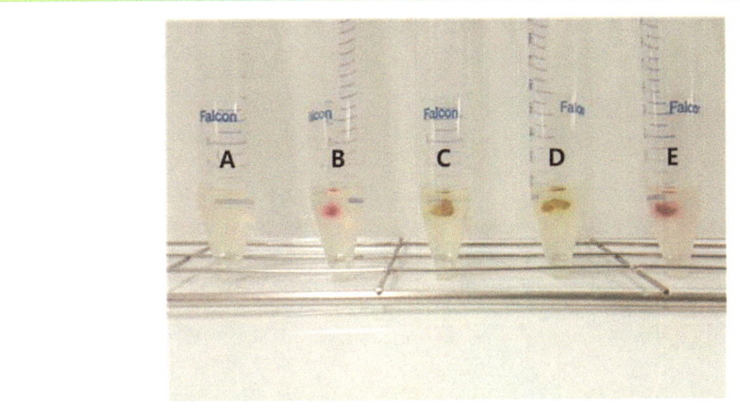

그림 49. 쥐 분변 알칼리성 인산가수분해효소 검출 시험 결과;
(A):공시험, (B):이물, (C):커피생두, (D):불량 커피생두, (E):쥐 분변

(다) 결론

이물은 쥐털 및 세포 조직으로 추정되는 물질이 섞여 있고 알칼리성 인산가수분해 효소 검출 시험에 양성 반응을 보이는 것으로 볼 때 쥐 또는 이와 유사한 동물의 배설물로 추정됨.

※ 참고

식품에 혼입되는 동물의 분변 중 대부분은 쥐의 분변이다. 쥐 분변은 일반적으로 방추형으로 갈색에서 검은색이 많으며, 그 크기는 시궁쥐의 분변이 1~2 cm, 곰쥐가 약 1 cm, 생쥐가 약 0.5 cm이다. 쥐의 분변은 물을 가하면 악취가 발생하며, 현미경으로 관찰하면 털고르기 때 삼킨 털, 식물·플라스틱·섬유 등의 파편, 모래 등의 비소화물, 동물 또는 식물의 세포 등을 발견할 수 있다.

3. 김치 중 선충류 판별

- 이물이 발견된 식품 : 김치

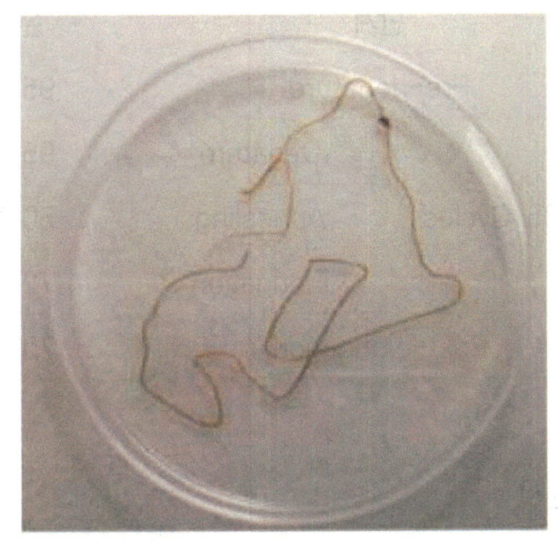

그림 50. 김치 중 이물

(가) 실험방법

① 시약을 직접 제조하여 사용하는 일반적인 방법 또는 DNeasy Blood & Tissue Kit 등 상용화된 kit를 사용하여 DNA를 추출.

② 추출된 DNA를 유전자 증폭(PCR) 수행.

㉮ 프라이머 서열 및 PCR 조건

표 20. 프라이머 서열 및 PCR 조건

<table>
<tr><td rowspan="2">Primer
(JB3/JB4.5*)</td><td colspan="3">5'- TTT TTT GGG CAT CCT GAG GTT TAT -3'</td><td rowspan="2">약 450 bp</td></tr>
<tr><td colspan="3">5'- TAA AGA AAG AAC ATA ATG AAA ATG -3'</td></tr>
<tr><td rowspan="6">반응 조건</td><td colspan="2">단계</td><td>온도</td><td>시간</td></tr>
<tr><td colspan="2">Pre-denature</td><td>95 ℃</td><td>5분</td></tr>
<tr><td rowspan="3">35 Cycles</td><td>Denature</td><td>95 ℃</td><td>30초</td></tr>
<tr><td>Annealing</td><td>50 ℃</td><td>30초</td></tr>
<tr><td>Elongation</td><td>72 ℃</td><td>1분</td></tr>
<tr><td colspan="2">Post-elongation</td><td>72 ℃</td><td>7분</td></tr>
</table>

㉯ PCR 반응액의 조성

표 21. PCR 반응액 조성

성 분	Stock 용액 농도	최종 농도(튜브)	1회 분량
DNA polymerase	5 U/㎕	1.0 U	0.2 ㎕
완충액	10 x	1 ×	2.0 ㎕
$MgCl_2$	25 mM	2.5 mM	1.6 ㎕
dNTPs	2.5 mM	200 μM	1.8 ㎕
프라이머	10 pmol	5 pmole	2.0 ㎕
주형DNA	50 ng/㎕	50 ng	5.0 ㎕
멸균증류수			7.4 ㎕
전체량			20.0 ㎕

(나) 실험결과

① 일반(Universal) 프라이머 PCR 결과 450bp의 밴드가 확인됨.

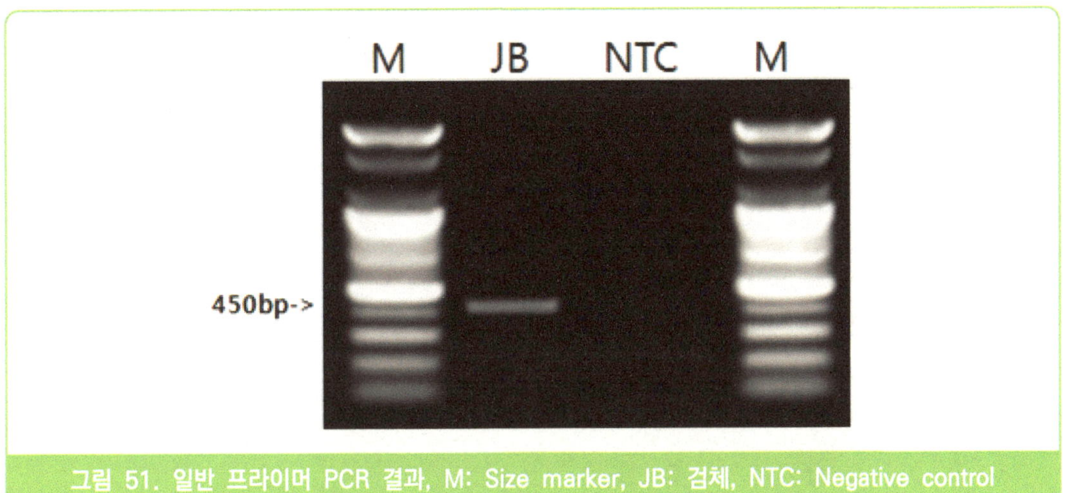

그림 51. 일반 프라이머 PCR 결과, M: Size marker, JB: 검체, NTC: Negative control

② PCR 산물의 염기서열을 결정하고 NCBI(www.ncbi.nlm.nih.gov) 등 유전자 정보 DB와 비교·분석한 결과, 곤충살이긴선충류(*Hexamermis* sp.)의 염기서열 99% 일치함.

표 22. 이물의 미토콘드리아 COI 유전자 염기서열(410 bp)

TTTTTTTGGGCATCCTGAGGTTTATGTACTAATCCTTCCAGCTTTTGGGATTCTTTCACATTTA ACTTCAATTGAAAGAAGTAAAAAATCAGTCTTCGGATTTTTAGGGATAGTTTATGCTTTAACT AGAATTGGTTTATTAGGTTGTGTTGTTTGAGCTCATCATATATTCAGAATTGGATTAGATCTTG ATAGTCGATCATATTTTACAGGTGCAACTATAGTTATTGCTATCCCTACAGGAATTAAAGTGT TTTCTTGAATTTCTACTTTGTATGGTTCAGTATCAGATTTAGACCCCCTTTTTTTATGAGGATTA GGATTTTTATTTTTATTTACTTTAGGCGGGCTAACCGGTATTACTCTTAGGAGATCTAGATTAG ATTTACTCCTTCATGATACTTATTTTGTTGTAGGACATTTTCATTATGTTCTTTCTTTAAAA

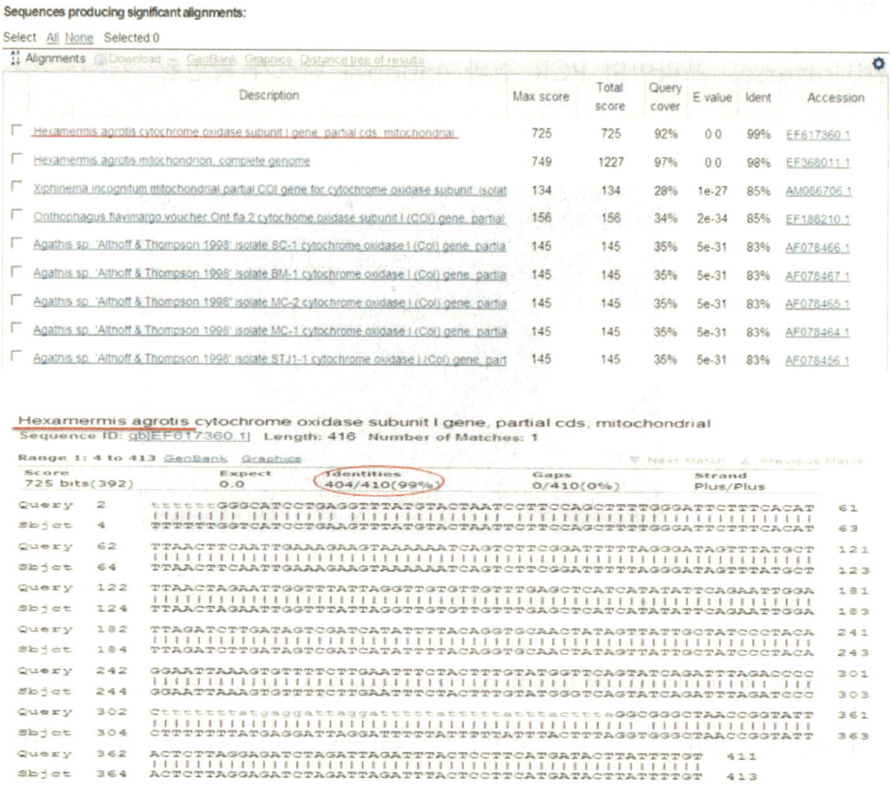

Sequences producing significant alignments:

Select All None Selected 0

Alignments Download GenBank Graphics Distance tree of results

Description	Max score	Total score	Query cover	E value	Ident	Accession
Hexamermis agrotis cytochrome oxidase subunit I gene, partial cds, mitochondrial	725	725	92%	0.0	99%	EF617360.1
Hexamermis agrotis mitochondrion, complete genome	749	1227	97%	0.0	98%	EF368011.1
Xiphinema incognitum mitochondrial partial COI gene for cytochrome oxidase subunit, isolat	134	134	28%	1e-27	85%	AM086706.1
Onthophagus flavimargo voucher Ont.fla.2 cytochome oxidase subunit I (COI) gene, partial	156	156	34%	2e-34	85%	EF188210.1
Agathis sp. 'Althoff & Thompson 1998' isolate SC-1 cytochrome oxidase I (CoI) gene, partia	145	145	35%	5e-31	83%	AF078466.1
Agathis sp. 'Althoff & Thompson 1998' isolate BM-1 cytochrome oxidase I (CoI) gene, partia	145	145	35%	5e-31	83%	AF078467.1
Agathis sp. 'Althoff & Thompson 1998' isolate MC-2 cytochrome oxidase I (CoI) gene, partia	145	145	35%	5e-31	83%	AF078465.1
Agathis sp. 'Althoff & Thompson 1998' isolate MC-1 cytochrome oxidase I (CoI) gene, partia	145	145	35%	5e-31	83%	AF078464.1
Agathis sp. 'Althoff & Thompson 1998' isolate STJ1-1 cytochrome oxidase I (CoI) gene, part	145	145	35%	5e-31	83%	AF078456.1

Hexamermis agrotis cytochrome oxidase subunit I gene, partial cds, mitochondrial

Sequence ID: gb|EF617360.1| Length: 416 Number of Matches: 1

Range 1: 4 to 413 GenBank Graphics Next Match Previous Match

Score	Expect	Identities	Gaps	Strand
725 bits(392)	0.0	404/410(99%)	0/410(0%)	Plus/Plus

```
Query  2    ttttttGGGCATCCTGAGGTTTATGTACTAATCCTTCCAGCTTTTGGGATTCTTTCACAT  61
Sbjct  4    TTTTTTGGTCATCCTGAAGTTTATGTACTAATTCTTCCAGCTTTTGGGATTCTTTCACAT  63
Query  62   TTAACTTCAATTGAAAGAAGTAAAAAATCAGTCTTCGGATTTTTAGGGATAGTTTATGCT  121
Sbjct  64   TTAACTTCAATTGAAAGAAGTAAAAAATCAGTCTTCGGATTTTTAGGGATAGTTTATGCT  123
Query  122  TTAACTAGAATTGGTTTATTAGGTTGTGTTGTTTGAGCTCATCATATATTCAGAATTGGA  181
Sbjct  124  TTAACTAGAATTGGTTTATTAGGTTGTGTTGTTTGAGCTCATCATATATTCAGAATTGGA  183
Query  182  TTAGATCTTGATAGTCGATCATATTTTACAGGTGCAACTATAGTTATTGCTATCCCTACA  241
Sbjct  184  TTAGATCTTGATAGTCGATCATATTTTACAGGTGCAACTATAGTTATTGCTATCCCTACA  243
Query  242  GGAATTAAAGTGTTTTCTTGAATTTCTACTTTGTATGGTTCAGTATCAGATTTAGACCCC  301
Sbjct  244  GGAATTAAAGTGTTTTCTTGAATTTCTACTTTGTATGGGTCAGTATCAGATTTAGATCCC  303
Query  302  CttttttttatgaggattaggatttttatttttatttactttaGGCGGGCTAACCGGTATT  361
Sbjct  304  CTTTTTTTTATGAGGATTAGGATTTTTATTTTTATTTACTTTAGGTGGGCTAACCGGTATT  363
Query  362  ACTCTTAGGAGATCTAGATTAGATTTACTCCTTCATGATACTTATTTTGT  411
Sbjct  364  ACTCTTAGGAGATCTAGATTAGATTTACTCCTTCATGATACTTATTTTGT  413
```

그림 52. 염기서열 비교·분석 결과(NCBI)

(다) 결론

이물은 선충류의 일종인 곤충살이긴선충류(*Hexamermis* sp.)로 판단됨.

4. 햄버거 중 새우껍질과 합성수지 판별

- 이물이 발견된 식품 : 햄버거
- 대조품 : 가공 전과 후 새우껍질(대조품 1, 2), 이물이 발견된 식품의 사용원료 포장재(대조품 3~8)

(가) 실험방법

① 실체현미경과 광학현미경을 이용하여 형태 및 빛의 투과 정도를 확인.

② FT-IR을 이용하여 시료에 적외선을 조사한 후 에너지의 흡수율을 측정하고 스펙트럼 패턴을 비교

표 23. FT-IR 분석조건

Instrument	Condition
Detector	DTGS ATR
Beam splitter	KBr
Range limit	400~4000 cm^{-1}
No. of scans	32
Resolution	4

③ XRF를 이용하여 X선을 조사한 시료에서 발생하는 형광 X선을 측정하여 무기성분의 조성을 분석

표 24. XRF 분석조건

Instrument	Condition
Acquisition Time	600 s
Process Time	3
XGT Diameter	10 ㎛
X-ray tube voltage	50 kV
Current	1,000 mA
Analysis object Range	^{11}Na ~ ^{92}U

(나) 실험결과

① 검체는 약 1.7 cm 크기로 두께가 일정하지 않고 불투명하며 불규칙적인 무늬(얼룩)이 있음.

② 대조품 1, 2는 두께가 일정하지 않고 불투명하며 불규칙적인 무늬가 있음.

③ 대조품 3은 불투명하고 대조품 4, 5, 6, 7, 8은 투명하나, 모두 표면이 매끄럽게 두께가 일정하며 부분적으로 흠집이 있음.

그림 53. 실체 및 광학현미경 관찰 결과 (계속)

	실체현미경 (×30)	광학현미경 (×100)
대조품 3		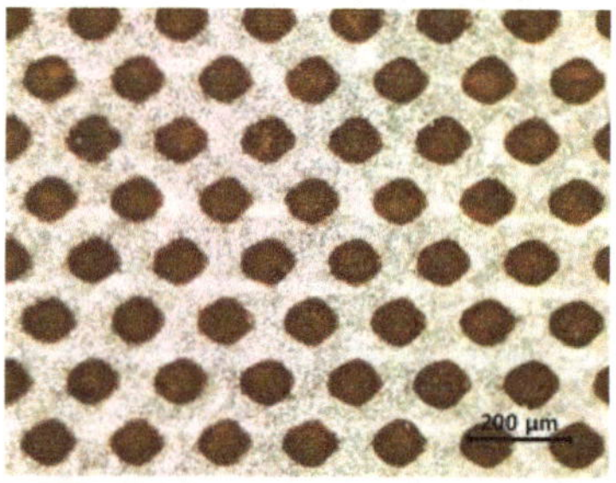
대조품 4		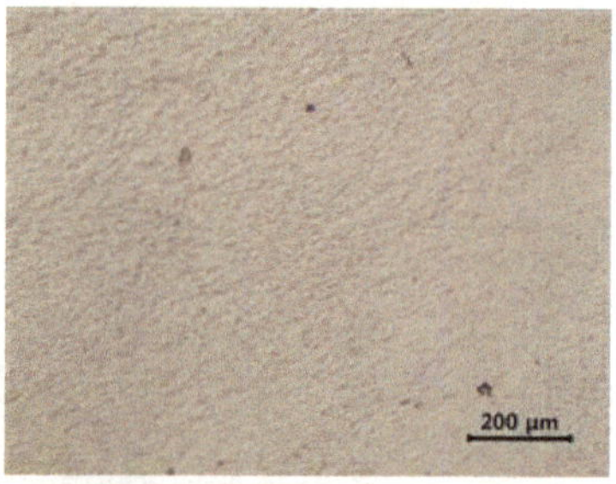
대조품 5	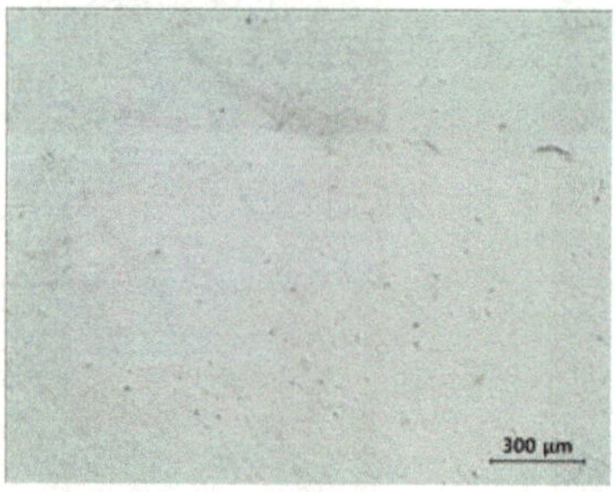	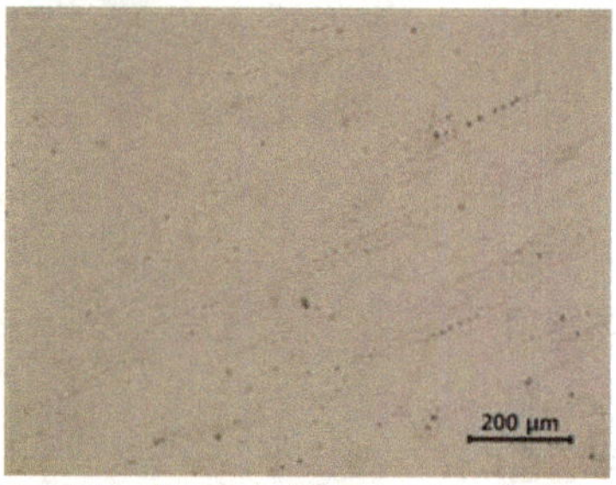
대조품 6	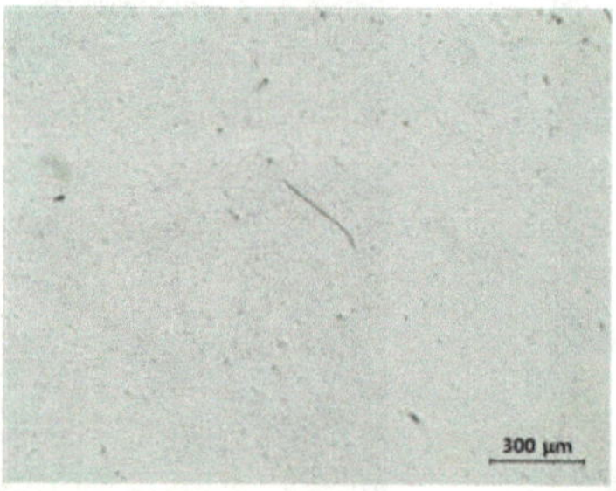	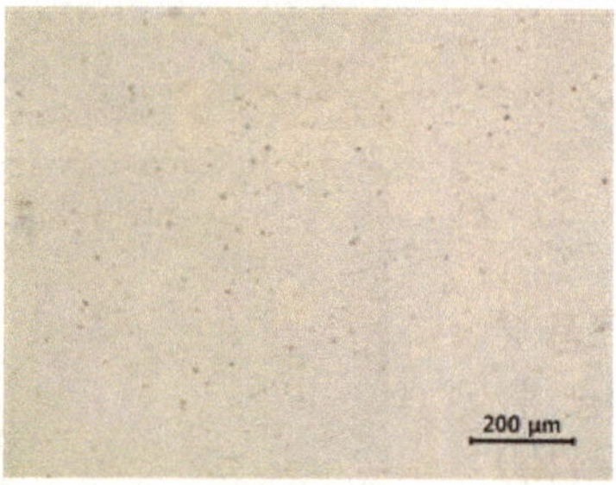

그림 53. 실체 및 광학현미경 관찰 결과 (계속)

그림 53. 실체 및 광학현미경 관찰 결과

④ 이물과 대조품 1, 2는 O-H stretch(3400-3200 cm^{-1}), C-H stretch(3000-2850 cm^{-1}), Chitin(1631, 1536, 1309 cm^{-1}) 등 특유의 peak가 관찰됨.

	적외선 분광계 스펙트럼
이물	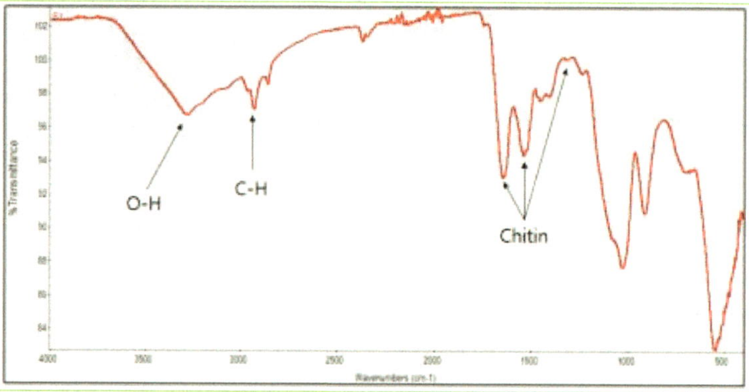 O-H, C-H, Chitin
대조품 1	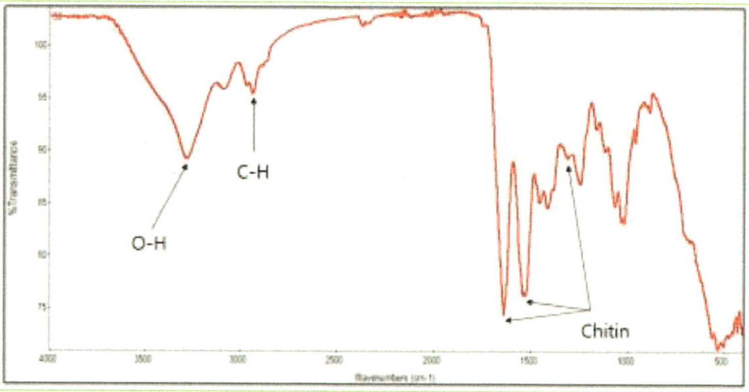 O-H, C-H, Chitin
대조품 2	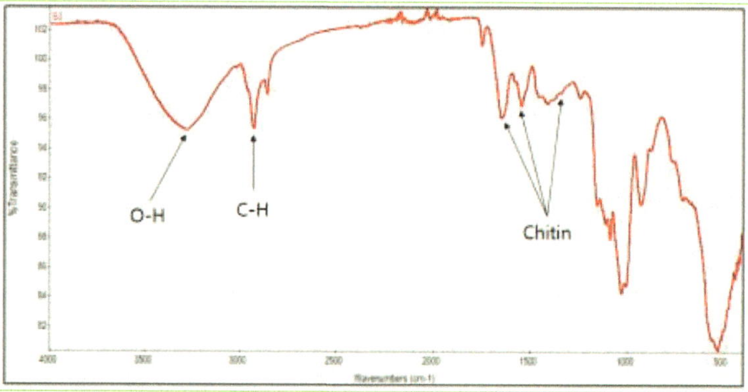 O-H, C-H, Chitin

그림 54. FT-IR을 이용한 유기성분 분석 결과 (계속)

⑤ 대조품 3은 CH_3 (2950-2850 cm^{-1}), C-O-C(1300-1000 cm^{-1}) 등 Polypropylene과 유사한 Peak가 관찰됨

⑥ 대조품 4, 5, 6는 C-H(2900-2700 cm^{-1}), C=C(1600-1500 cm^{-1}), C-H(770-730 cm^{-1}) 등 Polyethylene과 유사한 peak가 관찰됨

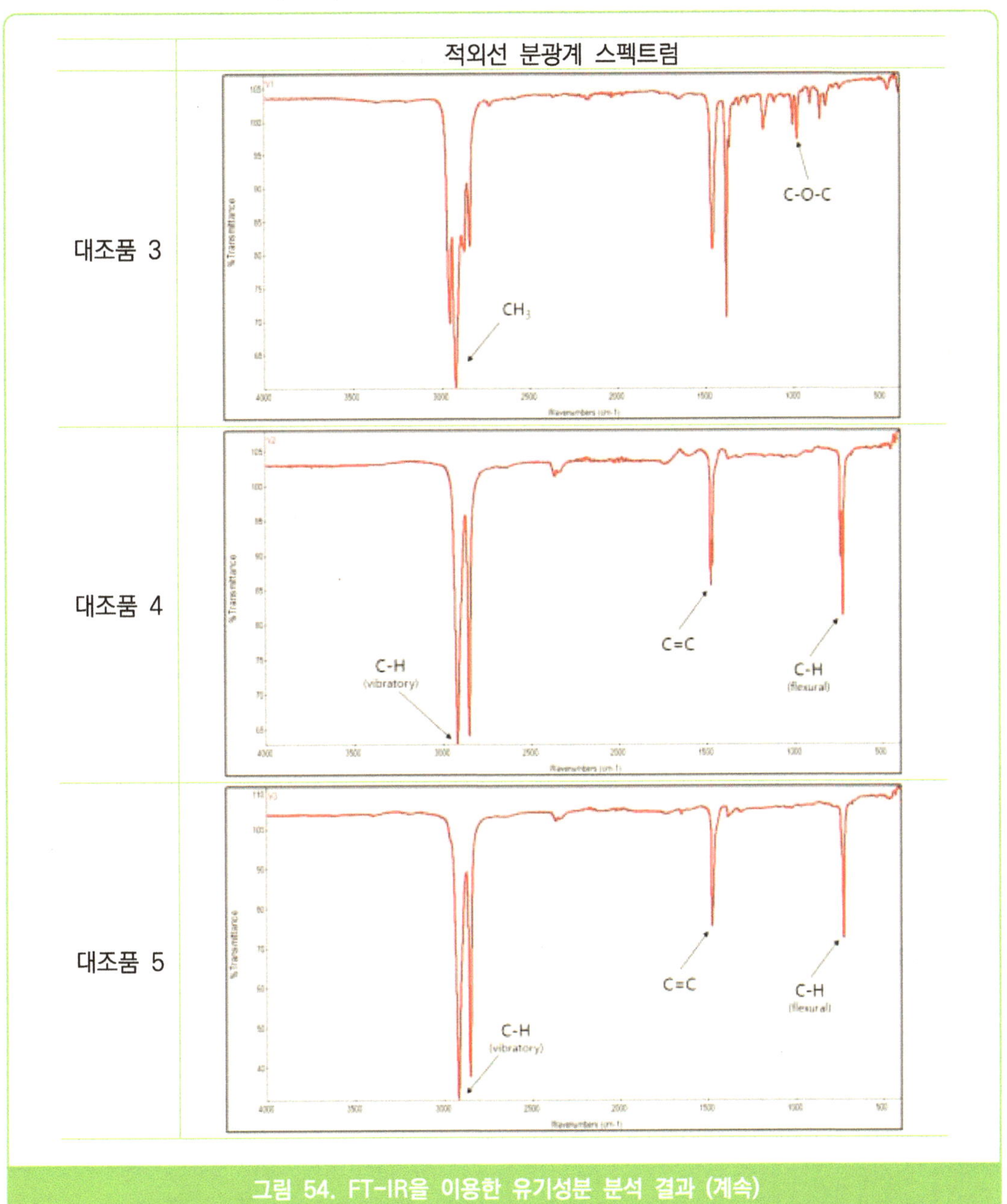

그림 54. FT-IR을 이용한 유기성분 분석 결과 (계속)

⑦ 대조품 7은 C-H(2900-2700 cm^{-1}), C=O(1750-1700 cm^{-1}), C-O-C(1200-1180 cm^{-1}) 등 Polycaprolactam과 유사한 peak가 관찰됨

⑧ 대조품 8은 C=O(1750-1700 cm^{-1}), C-O-C(1300-1000 cm^{-1}) 등 Polyethylene terephthalate와 유사한 peak가 관찰됨

	적외선 분광계 스펙트럼
대조품 6	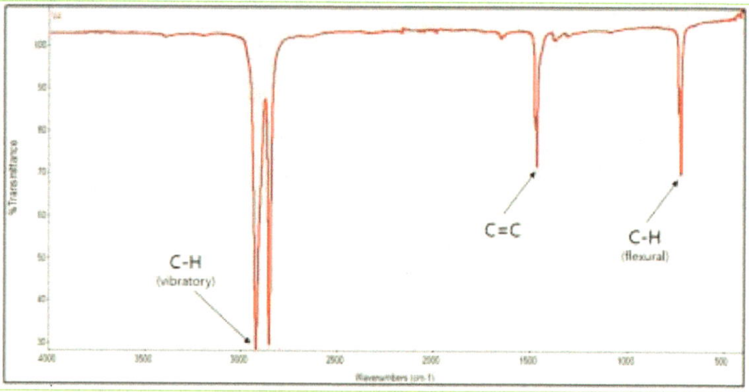 C-H (vibratory), C=C, C-H (flexural)
대조품 7	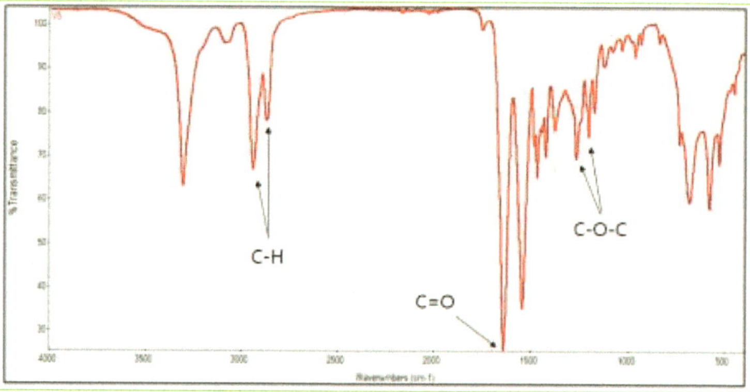 C-H, C=O, C-O-C
대조품 8	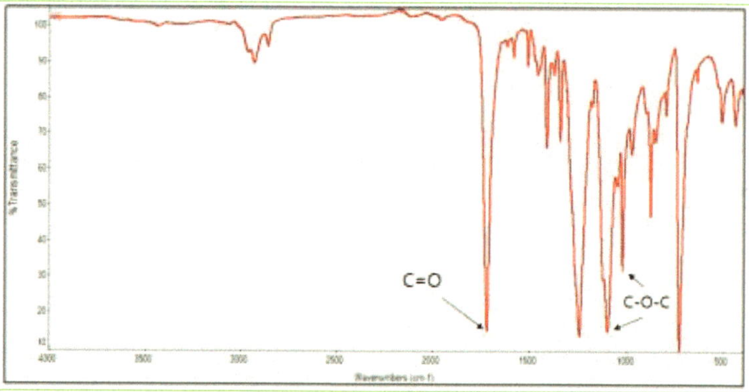 C=O, C-O-C

그림 54. FT-IR을 이용한 유기성분 분석 결과

⑨ X선을 투과시켜 이물을 관찰하였을 때 이물의 주요원소는 칼슘(Ca), 인(P)이며 미량원소로 황(S), 스트론튬(Sr)이 함유되어 있었음. 검체의 원소 구정 및 조성이 대조품 1, 2와 유사함. 대조품 3은 티타늄(Ti)과 칼슘(Ca)으로 구성되어 있으나, 대조품 4, 5, 6, 7, 8은 Na~U 사이의 무기성분이 관찰되지 않음.

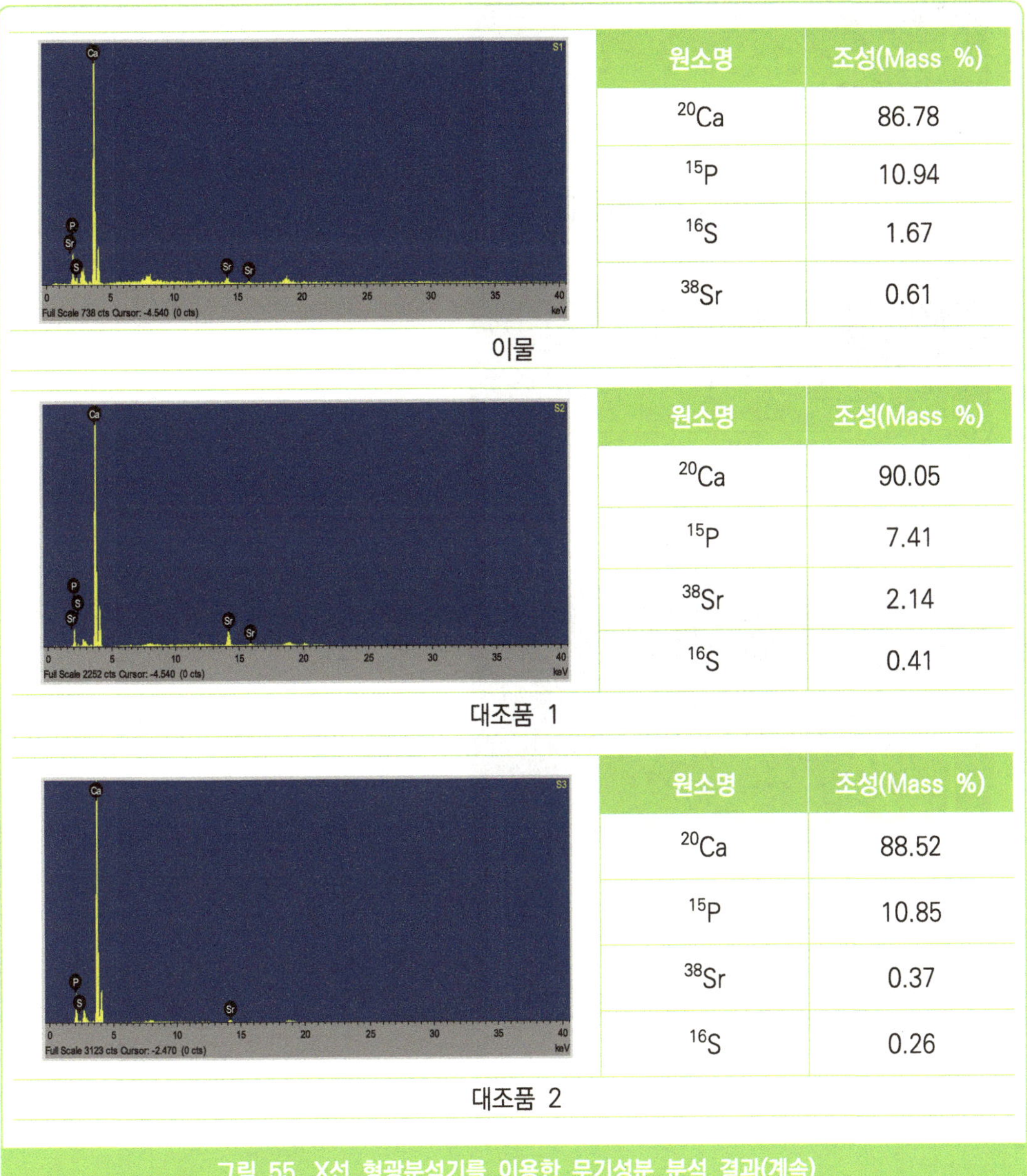

원소명	조성(Mass %)
^{20}Ca	86.78
^{15}P	10.94
^{16}S	1.67
^{38}Sr	0.61

이물

원소명	조성(Mass %)
^{20}Ca	90.05
^{15}P	7.41
^{38}Sr	2.14
^{16}S	0.41

대조품 1

원소명	조성(Mass %)
^{20}Ca	88.52
^{15}P	10.85
^{38}Sr	0.37
^{16}S	0.26

대조품 2

그림 55. X선 형광분석기를 이용한 무기성분 분석 결과(계속)

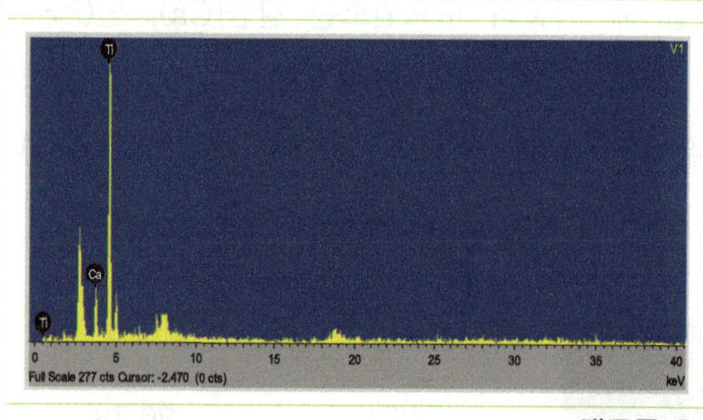

원소명	조성(Mass %)
^{22}Ti	87.94
^{20}Ca	12.06

대조품 3

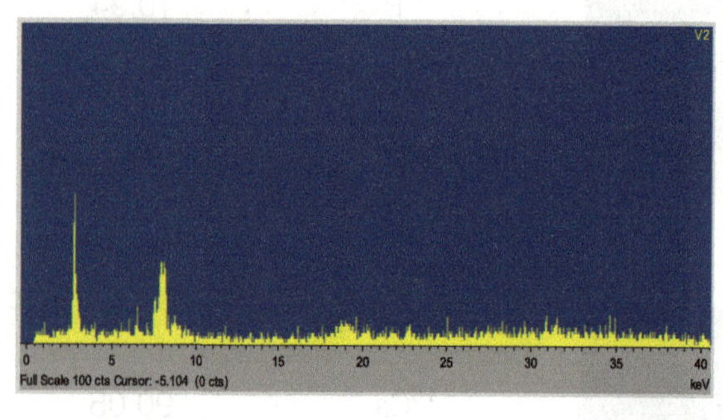

원소명	조성(Mass %)
–	–

대조품 4

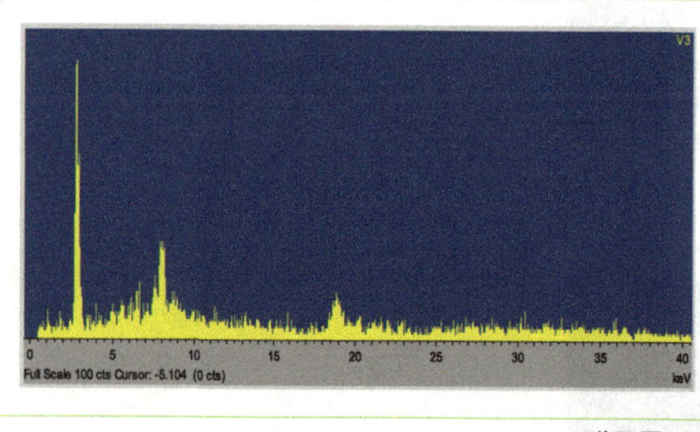

원소명	조성(Mass %)
–	–

대조품 5

그림 55. X선 형광분석기를 이용한 무기성분 분석 결과(계속)

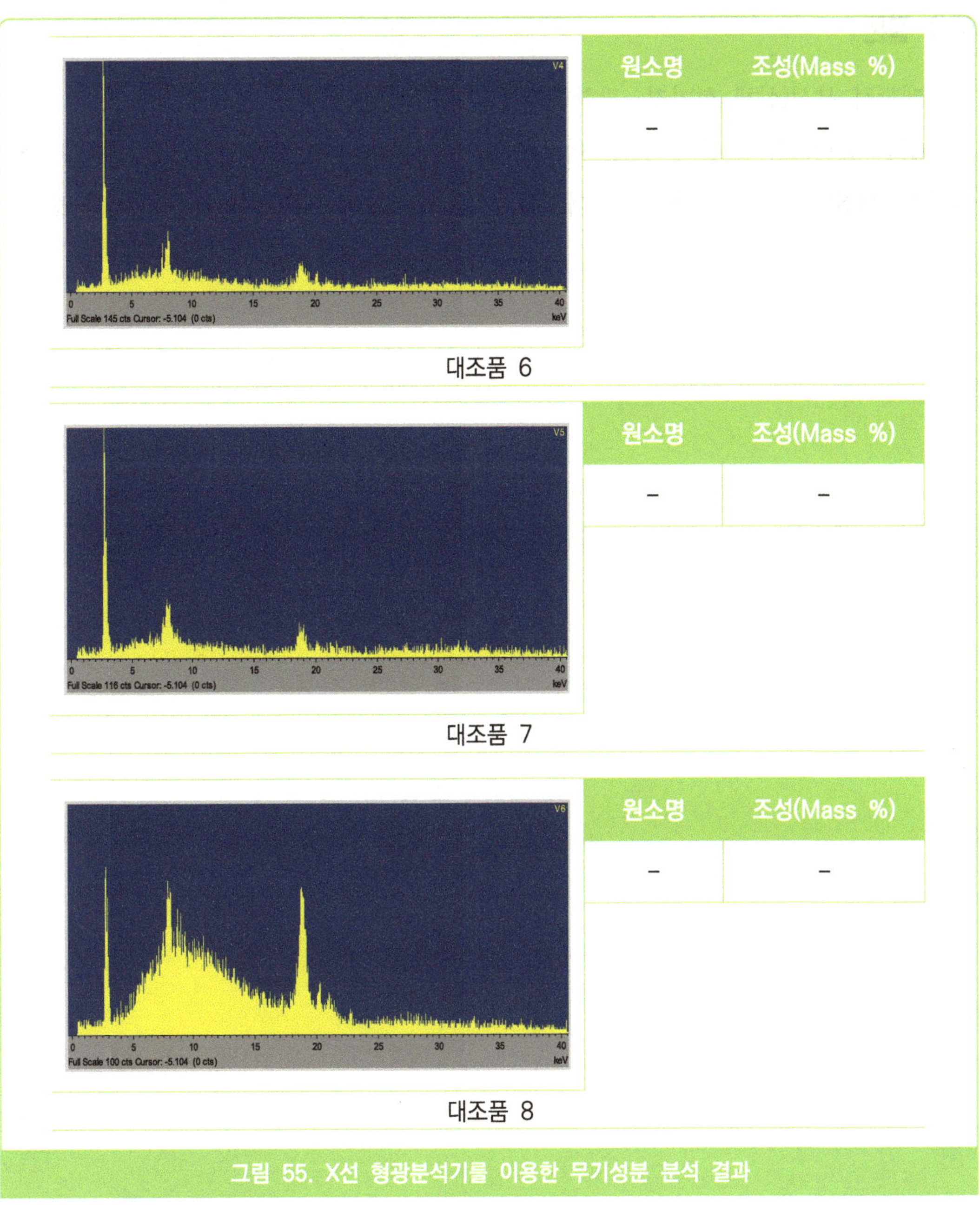

원소명	조성(Mass %)
-	-

대조품 6

원소명	조성(Mass %)
-	-

대조품 7

원소명	조성(Mass %)
-	-

대조품 8

그림 55. X선 형광분석기를 이용한 무기성분 분석 결과

(다) 결론

형태학적 분석(실체 현미경, 광학현미경)과 유기성분(적외선 분광광도계) 분석, 무기성분(X선 형광분석기) 분석 결과, 이물은 대조품 1(가공 전 새우껍질), 2(가공 후 새우껍질)와 성질이 매우 유사하지만, 대조품 3, 4, 5, 6, 7, 8(비닐류)와는 차이를 보임

5 유산균제제 중 금속성 물질과 합성수지(PVC) 판별

- 이물이 발견된 식품 : 유산균제제
- 대조품 : 염화비닐수지(PVC), 알루미늄 포일

  * 이물이 발견된 제품의 포장재와 동일한 재질의 물질을 대조품으로 선정

(가) 실험방법

① 광학현미경을 이용하여 형태 및 빛의 투과정도를 확인.

② 묽은 염산, Tetrahydrofuran(THF)을 이용하여 용해반응을 실시.

③ FT-IR을 이용하여 시료에 적외선을 조사한 후 에너지의 흡수율을 측정하고 스펙트럼 패턴을 비교.

표 25. FT-IR 분석조건

Instrument	Condition
Detector	DTGS ATR
Beam splitter	KBr
Range limit	400~4000 cm^{-1}
No. of scans	32
Resolution	4

(나) 실험결과

① 현미경 관찰 결과 이물은 광택이 없고 빛을 투과시키는 회색의 Ⅰ형 과 광택이 있고 빛을 투과시키지 않는 은색의 Ⅱ형이 혼합되어 있음. 대조품인 염화비닐수지는 이물 Ⅰ형과, 알루미늄 포일은 이물 Ⅱ형과 유사함.

	× 100	× 200
이물 1		
이물 2		
대조품 1 (PVC)		
대조품 2 (알루미늄 포일)		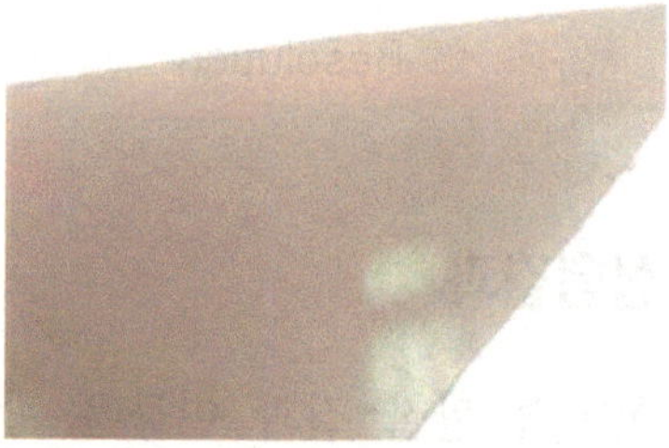

그림 56. 광학현미경 관찰 결과

② 용해반응 결과 이물 Ⅰ형과 대조품 Ⅰ(염화비닐수지)는 Tetrahyddro-furan에 용해되었으나, 이물 Ⅱ형과 대조품 Ⅱ(알루미늄 포일)은 묽은 염산에 용해됨.

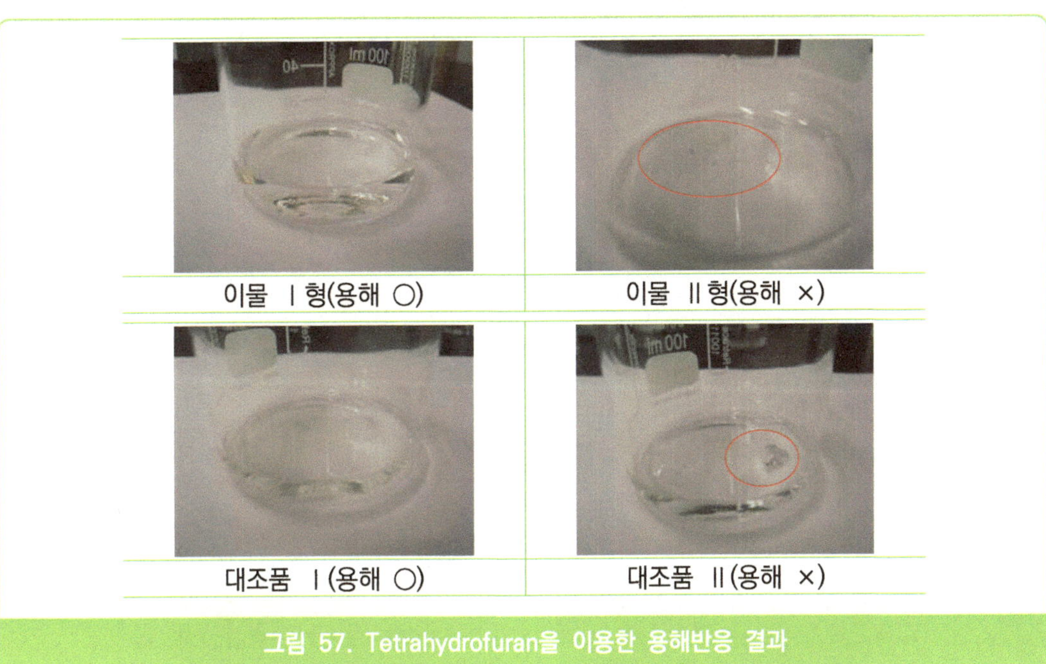

그림 57. Tetrahydrofuran을 이용한 용해반응 결과

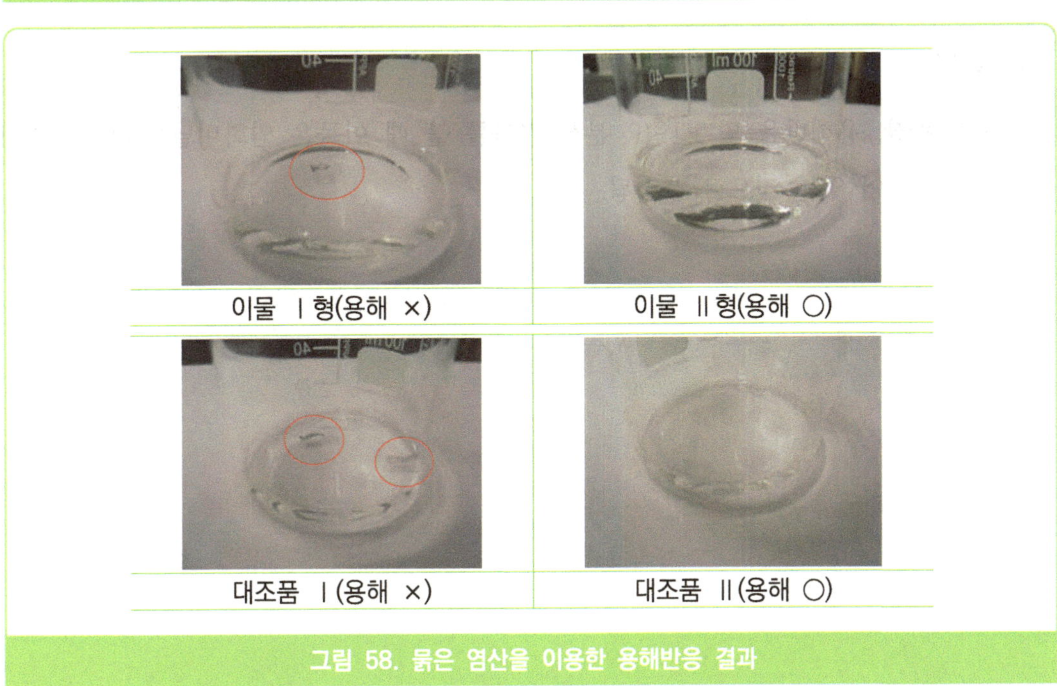

그림 58. 묽은 염산을 이용한 용해반응 결과

③ 적외선 분광광도계 분석 결과 이물 Ⅰ형은 염화비닐수지와 유사한 형태의 스펙트럼 패턴을 나타내나 이물 Ⅱ형과 알루미늄 포일은 스펙트럼이 나타나지 않음.

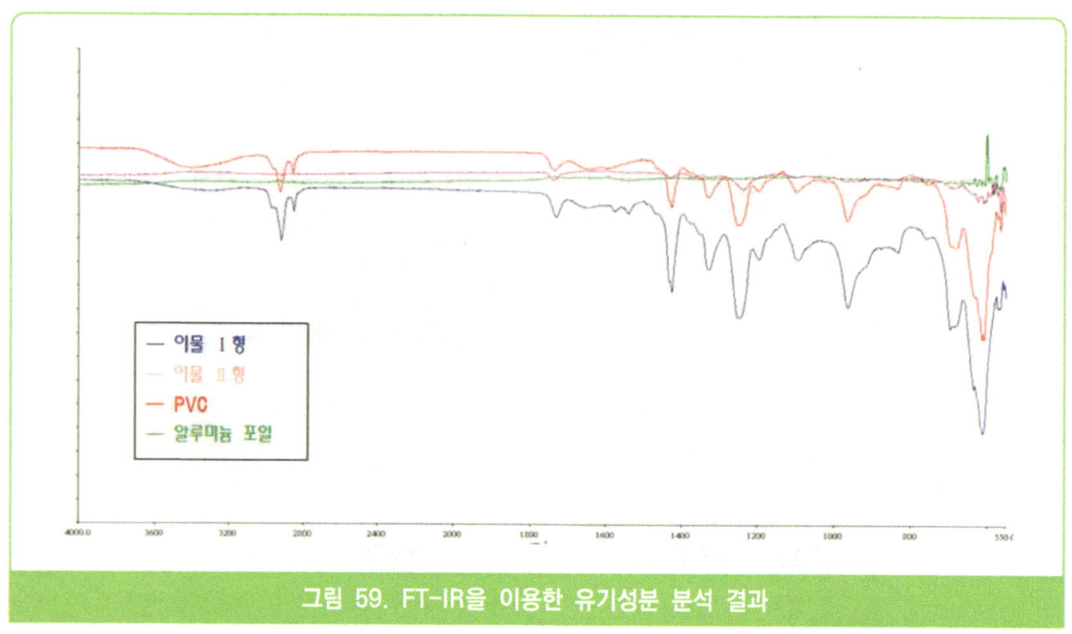

그림 59. FT-IR을 이용한 유기성분 분석 결과

(다) 결론

현미경 관찰, 용해반응 및 FT-IR 분석 결과를 볼 때 이물은 염화비닐수지와 금속성 물질이 혼합되어 있는 것으로 추정됨.

6. 유산균음료 중 이물(Polyester, PE) 판별

- 이물이 발견된 식품 : 유산균음료
- 대조품 : 이물이 나온 검체의 병뚜껑, 업체 제공 병뚜껑

(가) 실험방법

① 실체현미경과 광학현미경을 이용하여 형태 및 빛의 투과 정도를 확인.

② FT-IR을 이용하여 시료에 적외선을 조사한 후 에너지의 흡수율을 측정하고 스펙트럼 패턴을 비교

표 26. FT-IR 분석조건

Instrument	Condition
Detector	DTGS ATR
Beam splitter	KBr
Range limit	400~4000 cm^{-1}
No. of scans	32
Resolution	4

③ XRF를 이용하여 X선을 조사한 시료에서 발생하는 형광 X선을 측정하여 무기성분의 조성을 분석

표 27. XRF 분석조건

Instrument	Condition
Acquisition Time	600 s
Process Time	3
XGT Diameter	10 ㎛
X-ray tube voltage	50 kV
Current	1,000 mA
Analysis object Range	^{11}Na ~ ^{92}U

(나) 실험결과

① 이물은 4.66 mm × 3.55 mm × 1.33 mm 크기의 녹색을 띠며 불규칙하게 손상된 형태로 돌출 부위가 다수 존재함

② 대조품 1과 2 모두 녹색을 띠고 있으며, 안쪽 표면은 평평하고 깨끗한 형태이며, 바깥면은 물결 모양으로 빛이 반사됨

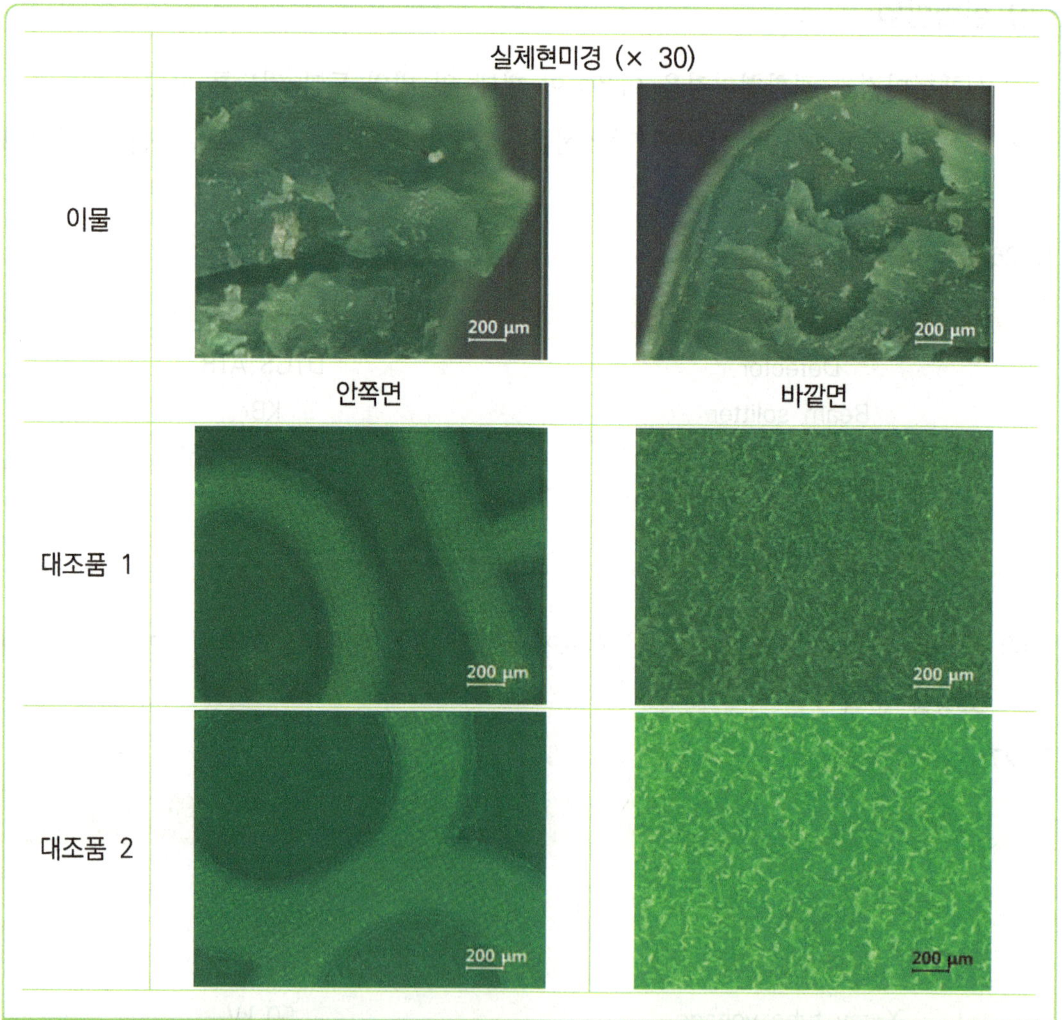

	실체현미경 (× 30)	
이물	200 μm	200 μm
	안쪽면	바깥면
대조품 1	200 μm	200 μm
대조품 2	200 μm	200 μm

그림 60. 실체현미경 관찰 결과

③ 이물 표면에 불규칙한 손상이 관찰되며, 손상된 부위는 손상되지 않은 부위에 비해 투명도가 높게 관찰됨

④ 이물은 녹색을 띠며 빛을 반사하는 특징을 가짐

⑤ 대조품 1과 2의 안과 밖 표면에서 미세한 손상이 방향에 상관없이 다수 관찰되며, 빛을 반사함

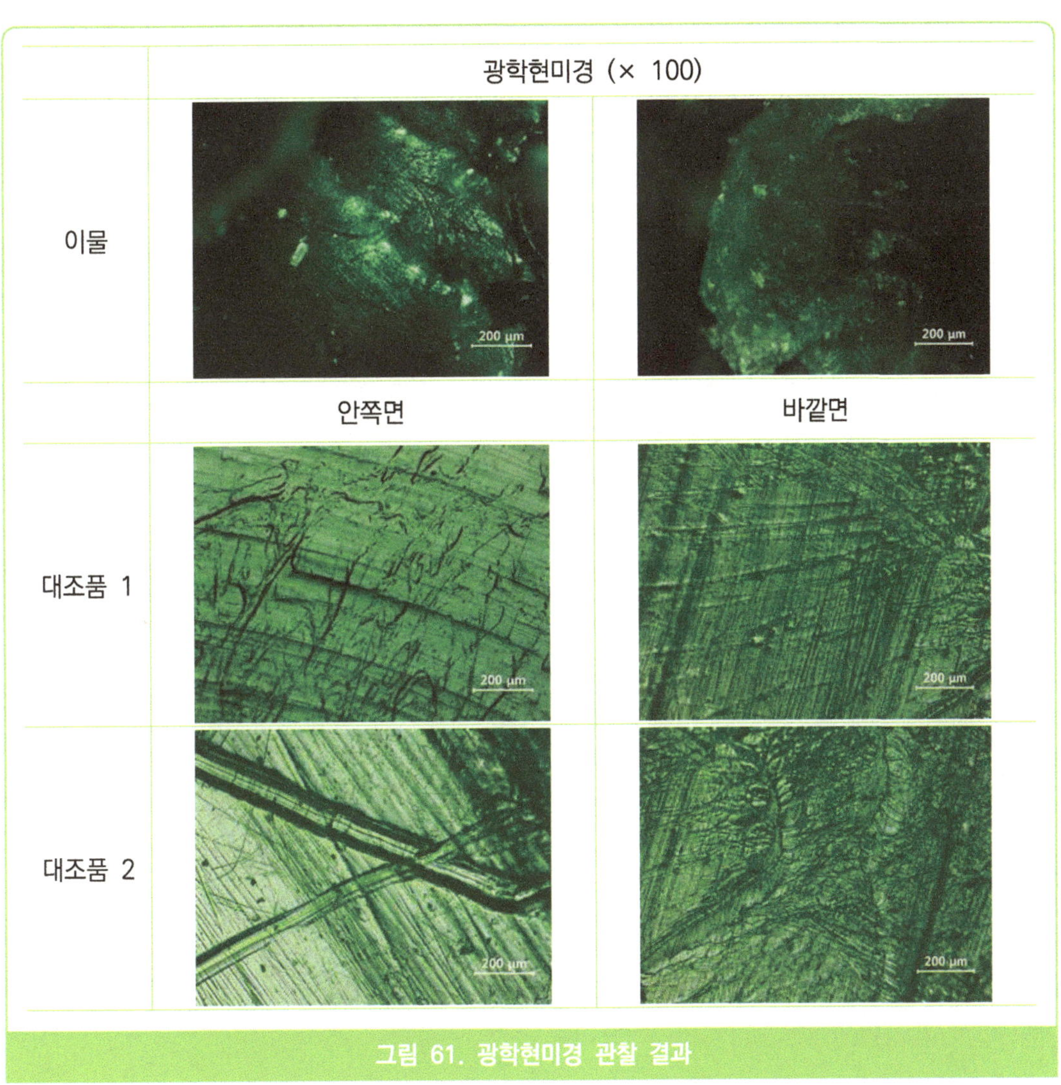

그림 61. 광학현미경 관찰 결과

⑥ 이물은 C=O (1750-1700 cm^{-1}), C=C stretching (1000-950 cm^{-1}) 등 Polyester와 유사한 peak가 관찰됨

⑦ 대조품 1, 2는 C-H stretch (3000-2800 cm^{-1}), CH_2 bend (1500-1400 cm^{-1}), CH_2 rock (750-600 cm^{-1}) 등 Polyethylene과 유사한 peak가 관찰됨

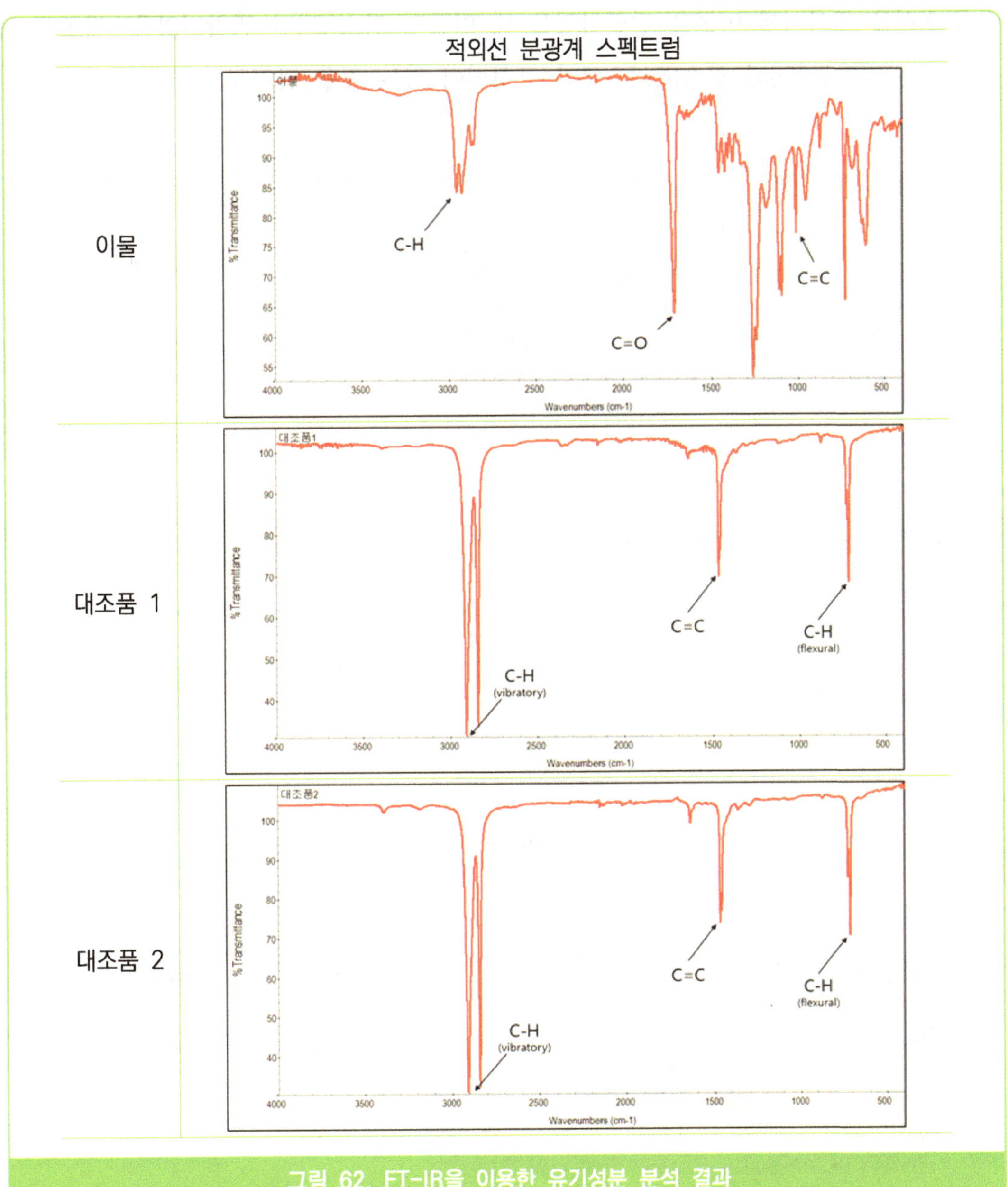

그림 62. FT-IR을 이용한 유기성분 분석 결과

⑧ X선을 투과시켜 이물을 관찰하였을 때 이물의 염소(Cl)만 관찰되었음. 대조품 1, 2는 티타늄(Ti)과 칼슘(Ca)으로만 구성되어 있는 것을 관찰함

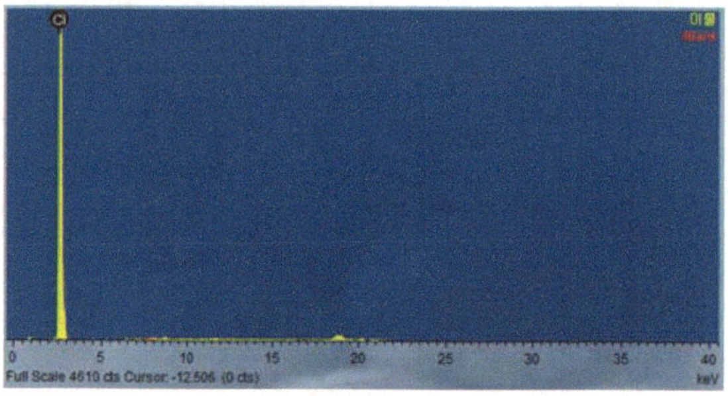

원소명	조성(Mass %)
^{17}Cl	100.00

이물

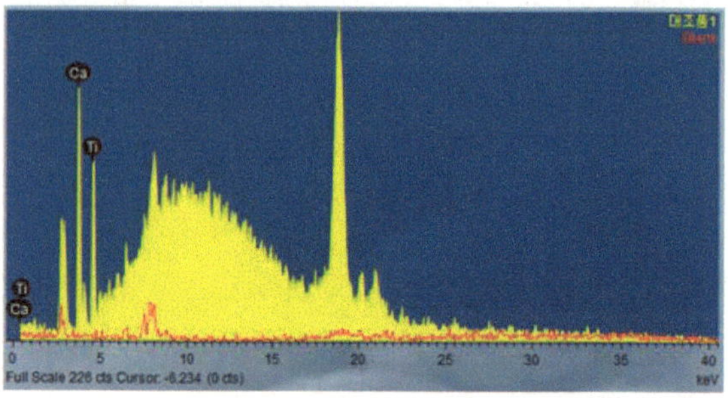

원소명	조성(Mass %)
^{22}Ti	50.94
^{20}Ca	49.06

대조품 1

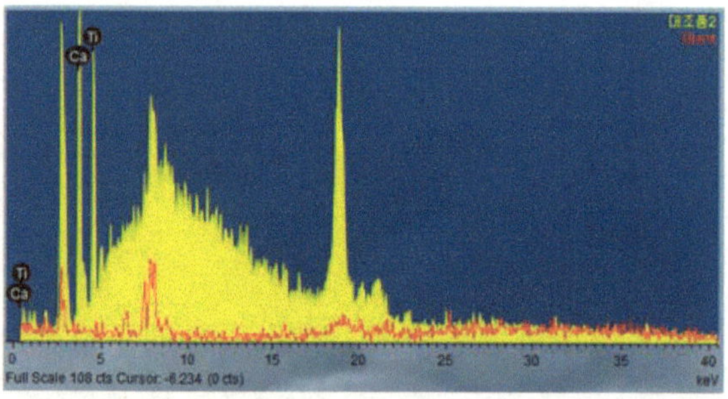

원소명	조성(Mass %)
22Ti	57.09
20Ca	42.91

대조품 2

그림 63. X선 형광분석기를 이용한 무기성분 분석 결과

(다) 결론

형태학적 분석 (실체 현미경, 광학현미경)과 유기성분 (적외선 분광광도계) 분석, 무기성분 (X선 형광분석기) 분석 결과, 형태학적 특성은 이물과 대조품 1, 2가 유사하지만, 유기성분과 무기성분 분석에서 서로 다른 특성을 가졌음. 또한, 대조품 1과 2는 형태학적 특성 및 유기성분, 무기성분 특성이 서로 매우 유사함.

7. 카라멜 중 아말감 판별

- 이물이 발견된 식품 : 카라멜
- 대조품 : 아말감

  * 이물과 형상이 유사하고 섭취 중 혼입될 가능성이 있는 아말감을 대조품으로 선정

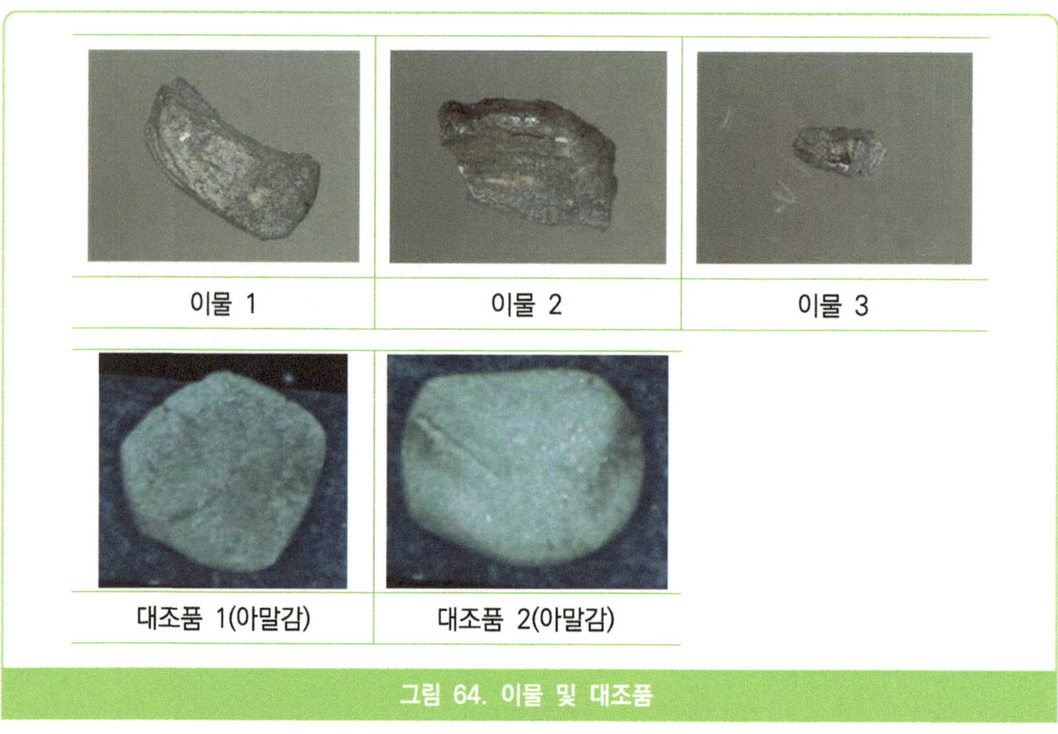

이물 1	이물 2	이물 3

대조품 1(아말감)	대조품 2(아말감)

그림 64. 이물 및 대조품

(가) 실험방법

① XRF를 이용하여 X선을 조사한 시료에서 발생하는 형광 X선을 측정하여 무기성분의 조성을 분석

② X선을 투과(Transmission)시켜 주요성분의 분포를 관찰

표 28. XRF 분석조건

Instrument	Condition
Acquisition Time	600 s
Process Time	3
XGT Diameter	10 ㎛
X-ray tube voltage	50 kV
Current	1,000 mA
Analysis object Range	^{11}Na ~ ^{92}U

(나) 실험결과

표 29. 이물 및 대조품 무기성분 조성 비교

원소명	조성(Mass %)				
	이물 1	이물 2	이물 3	대조품 1 (아말감)	대조품 2 (아말감)
^{80}Hg	48.52	49.16	51.67	65.92	66.85
^{47}Ag	33.06	32.04	33.09	22.62	21.63
^{50}Sn	8.93	9.20	10.76	9.40	9.70
^{20}Ca	5.29	5.59	1.30	-	-
^{29}Cu	2.20	2.14	2.12	2.06	1.82
^{15}P	2.00	1.87	1.07	-	-

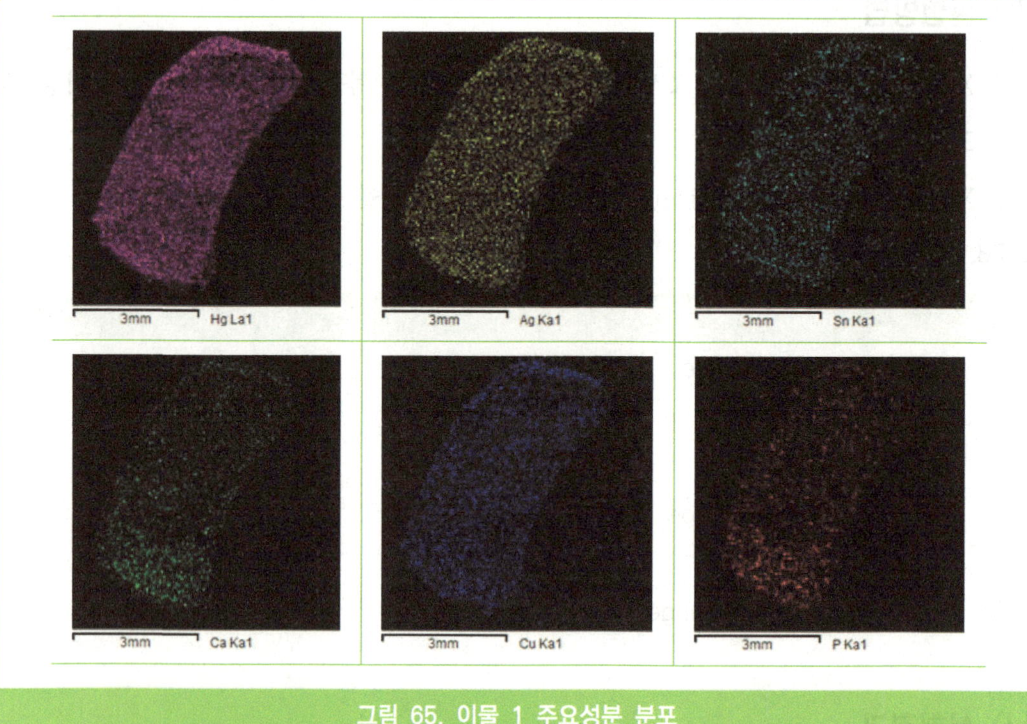

그림 65. 이물 1 주요성분 분포

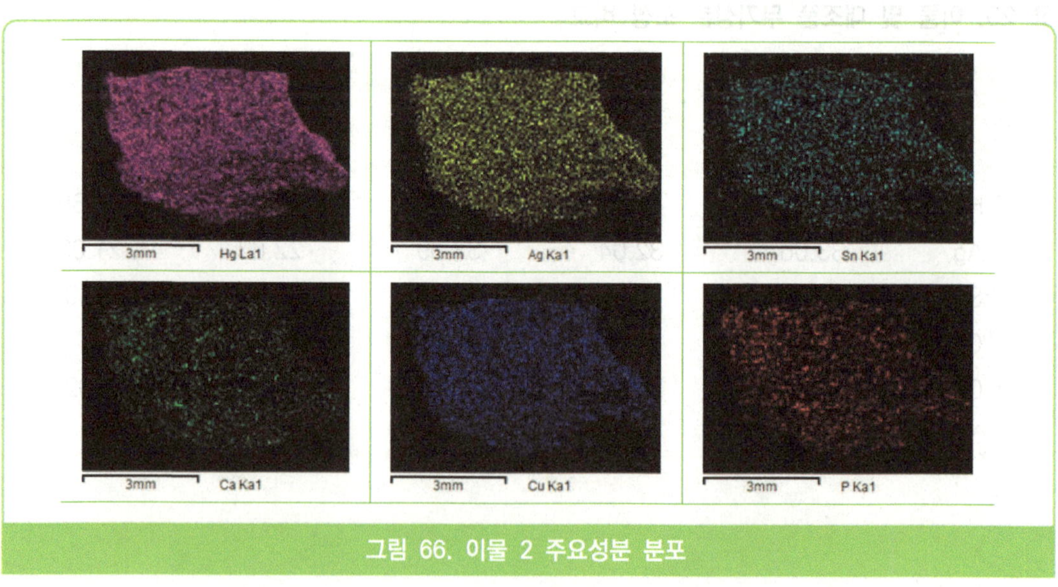

그림 66. 이물 2 주요성분 분포

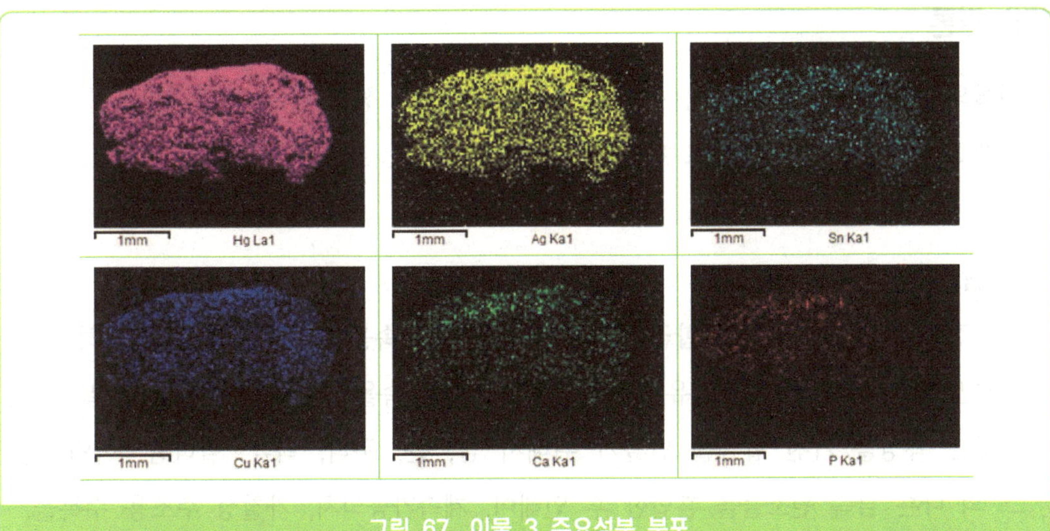

그림 67. 이물 3 주요성분 분포

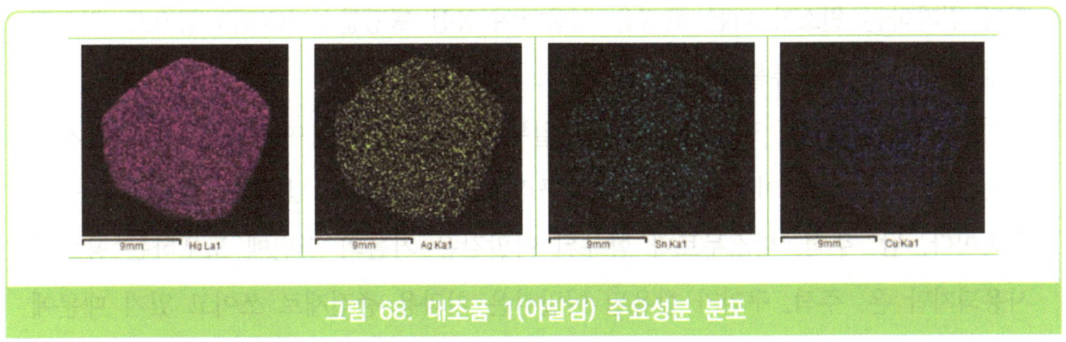

그림 68. 대조품 1(아말감) 주요성분 분포

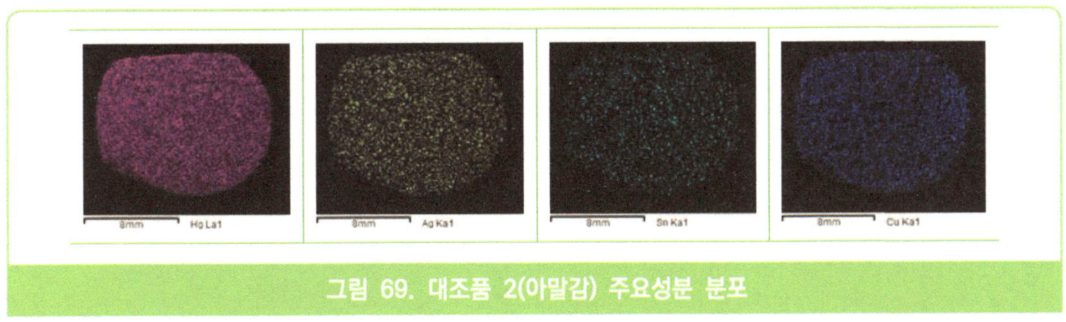

그림 69. 대조품 2(아말감) 주요성분 분포

(다) 결론

이물의 주성분은 수은(Hg), 은(Ag), 주석(Sn)으로 성분의 조성 및 분포를 볼 때 치과재료인 아말감의 일종으로 판단됨.

※ 참고

고정성 보철물에 쓰이는 합금은 높은 비율의 귀금속을 함유하는 것을 사용하기도 하지만 낮은 비율의 금을 함유하는 합금이나 비귀금속을 사용하기도 한다. 수복물에 알맞은 특성을 가진 합금을 만들기 위해서 금, 은, 구리, 백금, 팔라듐, 아연 및 그 외 다른 금속 원소들을 혼합한 후 인레이, 계속가공의치, 가철성 주조용 수복물, 납착 및 가공선재와 같은 치과용 구조물을 제조할 때 사용한다. 사용하는 용도에 따라 첨가하는 원소가 다른 특징을 이용하여 X선 형광분석기(XRF) 등으로 원소의 조성을 분석하면 종류를 판별할 수 있다.

아말감은 철, 니켈, 코발트, 망간 등 일부 금속을 제외한 여러 실용 금속과 서로 녹는 수은의 특성을 이용하여 금, 은, 구리, 아연, 카드뮴, 납 등과 합금으로 만든 금속이다. 납, 주석, 비스무트가 함유된 아말감은 거울의 뒷면에 도포하는 용도로 사용되지만 은, 주석, 구리가 함유된 아말감은 치과용 충전재로 쓰이고 있기 때문에 X선 형광분석기 등으로 원소의 조성을 분석하면 종류를 판별할 수 있다.

8. 식빵 중 치과용 세라믹 판별

- 이물이 발견된 식품 : 식빵
- 대조품 : 치아, 치과용 세라믹, 그릇
  * 이물과 형상이 유사하거나 혼입 가능성이 있는 물질을 대조품으로 선정

(가) 실험방법

① 실체 현미경을 이용하여 형상 및 표면 무늬 등을 관찰

② XRF를 이용하여 X선을 조사한 시료에서 발생하는 형광 X선을 측정하여 무기성분의 조성을 분석

표 30. XRF 분석조건

Instrument	Condition
Acquisition Time	300 s
Process Time	4
XGT Diameter	10 ㎛
X-ray tube voltage	50 kV
Current	1,000 mA
Analysis object Range	^{11}Na ~ ^{92}U

(나) 실험결과

① 실체 현미경 관찰 결과 이물은 대조품 중 치과용 세라믹과 광택, 색상이 유사함.

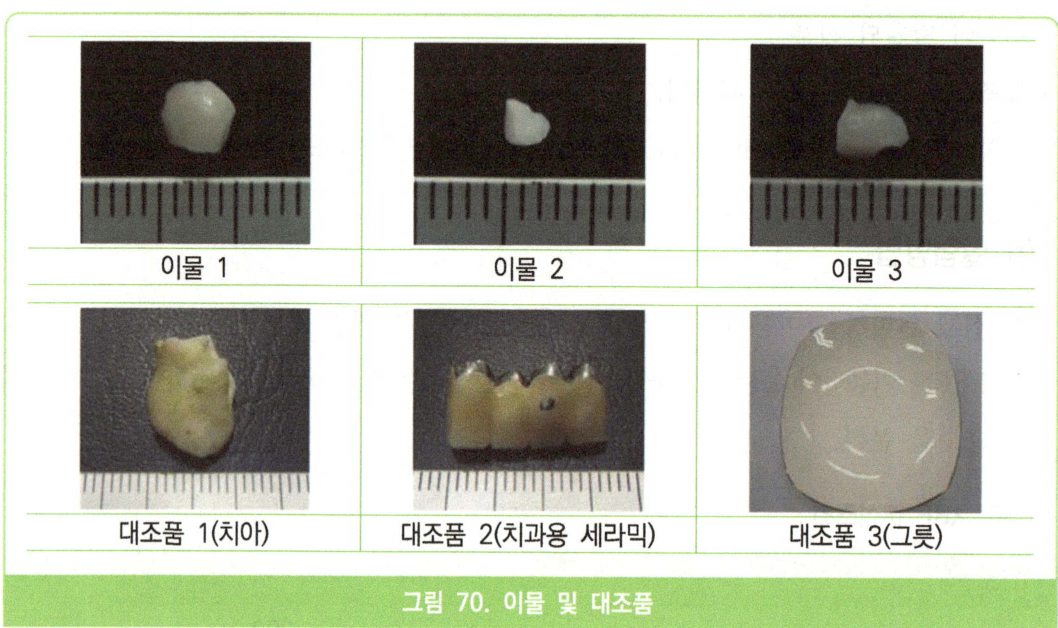

그림 70. 이물 및 대조품

② XRF를 이용하여 무기성분을 분석한 결과 규소, 알루미늄, 칼륨이 주성분인 세라믹의 일종으로 추정됨.

표 31. 이물 및 대조품의 무기성분 조성 비교

원소명	이물 1	이물 2	이물 3	치아	치과용 세라믹	그릇 (도자기)
^{11}Na	-	-	6.08	-	9.10	-
^{13}Al	11.89	14.05	11.70	-	9.84	16.37
^{14}Si	76.73	78.40	53.02	-	59.28	76.33
^{15}P	-	-	-	24.46	-	-
^{19}K	8.23	5.57	15.80	-	16.62	5.74
^{20}Ca	0.93	0.54	2.98	74.73	2.17	0.70
^{25}Mn	-	0.06	-	-	-	-
^{26}Fe	1.36	0.67	0.16	-	0.07	0.77
^{51}Sb	-	-	-	-	1.74	-
^{56}Ba	-	-	2.63	-	-	-
^{58}Ce	-	-	6.34	-	-	-
기타	0.86	0.70	1.29	0.81	1.18	0.09

(다) 결론

외관 관찰 및 XRF 분석 결과 치과용 재료(세라믹)로 추정됨.

※ 참고

치과용 재료는 금속소부도재관, 인공치아, 도재관, 가공치, 도재 베니어 등을 제작할 때 이용되는데 내마모성과 심미성이 뛰어나고 압축응력이 커서 치과 성형재료로 많이 사용하고 있다. 치과용 재료의 주원료는 장석(feldspar, $K_2O \cdot Al_2O_3 \cdot 6SiO_2$), 석영(quartz, SiO_2), 고령토(kaolin, $Al_2O_3 \cdot 2SiO_2 \cdot 2H_2O$)이며 부원료로 칼륨, 나트륨, 석회 등을 사용하기도 한다. 치과용 재료의 구성 성분 및 비율은 제조회사에 따라 차이가 나지만 적외선 분광광도계를 이용하여 작용기의 스펙트럼 피크와 패턴을 비교하고 X선 형광분석기로 무기성분 조성을 분석하면 종류를 판별할 수 있다.

치과용 레진의 경우 비닐아크릴, 폴리스티렌, 에폭시, 나일론, 비닐스티렌, 폴리카보네이트, 폴리설폰, 불포화 폴리에스테르, 폴리우레탄, 에틸렌계 폴리비닐아세테이트, 폴리아크릴레이트, 실리콘, 광중합형 우레탄메타크릴레이트, 고무강화된 아크릴, 부타디엔아크릴 등의 합성수지를 원료로 하기 때문에 적외선 분광광도계 및 X선 형광분석기로 일부 성분을 분석할 수는 있지만 종류를 판별하는 데에는 어려움이 있다.

9. 김치찌개 중 석고 판별

- 이물이 발견된 식품 : 김치찌개
- 대조품 : 참치 뼈, 계란 껍데기, 바지락 패각, 백시멘트, 석고, 석고보드

  * 신고된 이물과 색상, 형태 등이 유사하거나 혼입될 가능성이 높은 품목을 대조품으로 선정

(가) 실험방법

① 이물을 헵탄(heptane)으로 세척하여 표면에 부착되어 있는 잔류물을 제거.

② 실체 현미경을 이용하여 시료의 형상을 관찰.

③ 이물 및 대조품을 일부 분쇄한 후 광학현미경을 이용하여 입자의 형태를 관찰.

④ XRF를 이용하여 X선을 조사한 시료에서 발생하는 형광 X선의 강도를 측정하여 성분을 분석.

표 32. XRF 분석조건

Instrument	Condition
Acquisition Time	200 s
Process Time	4
XGT Diameter	10 ㎛
X-ray tube voltage	50 kV
Current	1,000 mA
Analysis object Range	^{11}Na ~ ^{92}U

(나) 실험결과

① 이물의 표면 및 입자 형태는 대조품 중 석고와 유사함.

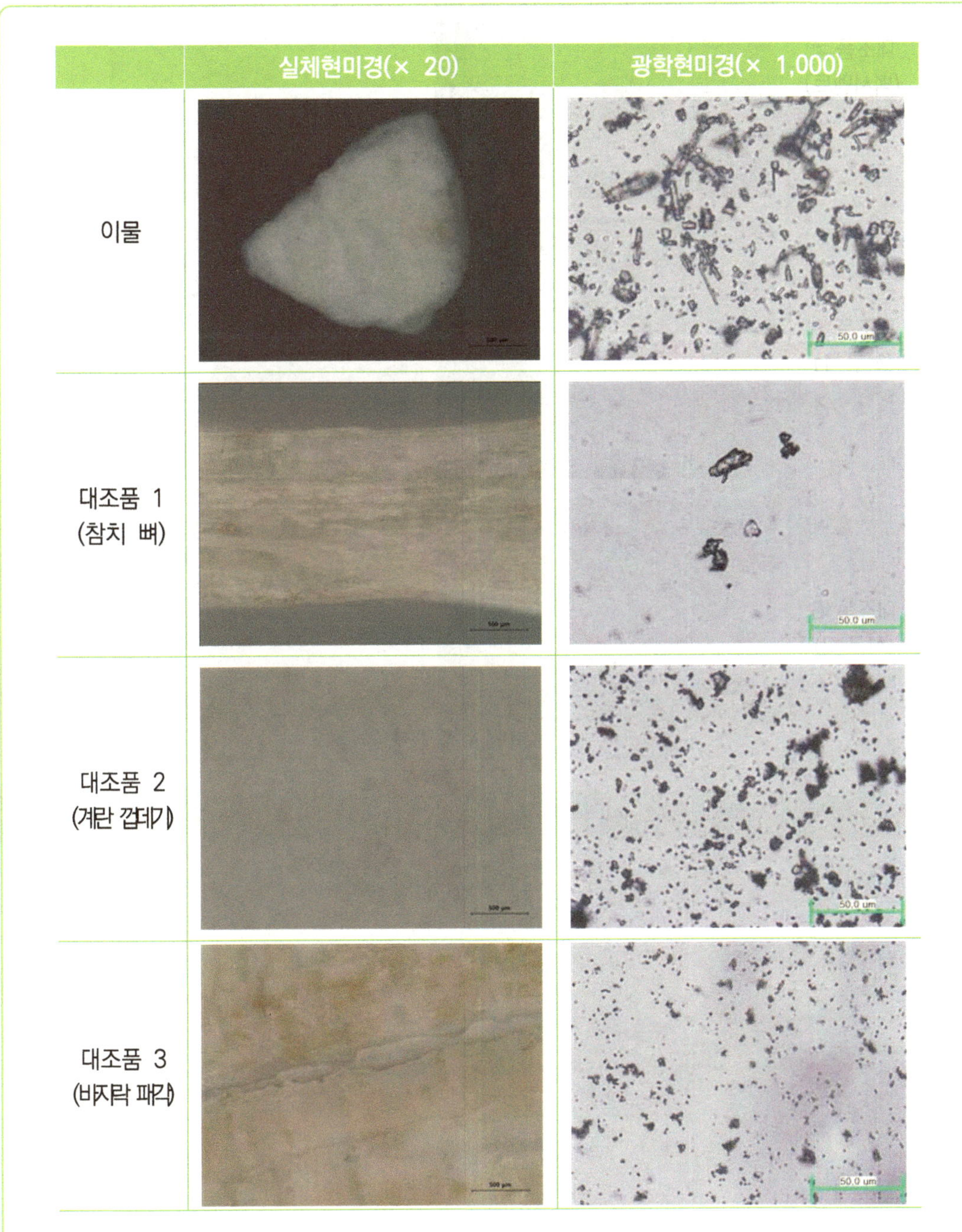

	실체현미경(× 20)	광학현미경(× 1,000)
대조품 4 (백시멘트)	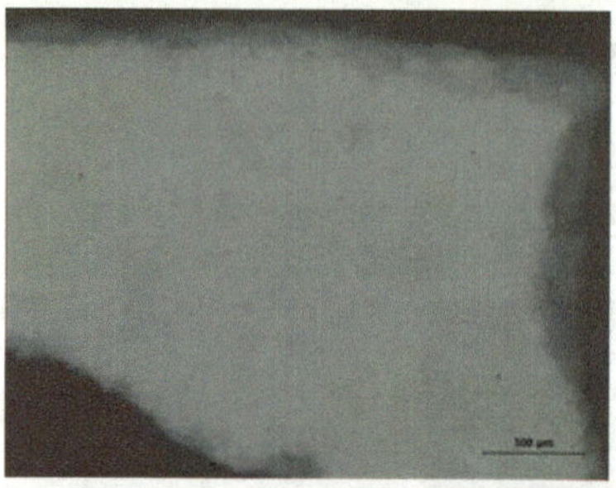	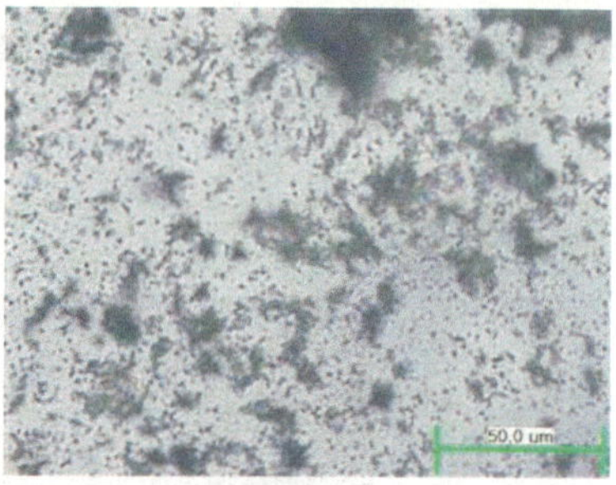
대조품 5 (석고 1)		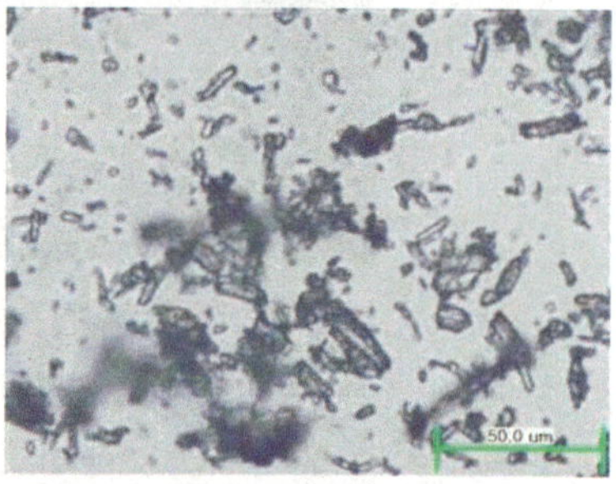
대조품 6 (석고 2)	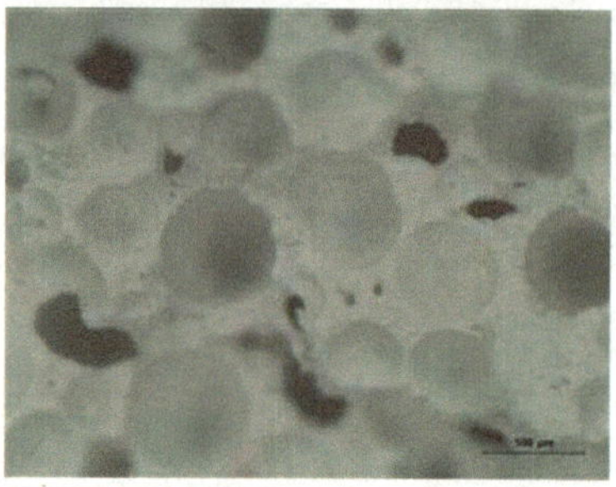	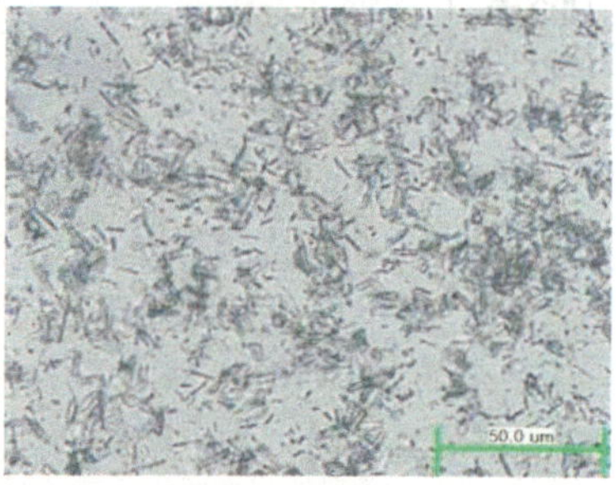

그림 71. 외관 검사 결과

② 이물의 주성분은 칼슘(Ca), 황(S)으로 석고와 조성 및 비율이 유사함.

표 33. 이물 및 대조품 무기성분 조성 비교

원소명	조성(Mass %)						
	이물	대조품 1 (참치 뼈)	대조품 2 (계란 껍데기)	대조품 3 (바지락 패각)	대조품 4 (시멘트)	대조품 5 (석고 1)	대조품 6 (석고 2)
^{20}Ca	62.60	78.43	98.88	99.28	82.80	67.09	65.68
^{16}S	33.39	0.59	1.12	-	1.71	32.91	33.36
^{38}Sr	3.04	0.51	-	0.72	0.09	-	-
^{19}K	0.98	0.59	-	-	-	-	-
^{15}P	-	19.88	-	-	-	-	-
^{13}Al	-	-	-	-	7.03	-	-
^{12}Mg	-	-	-	-	4.23	-	-
^{14}Si	-	-	-	-	3.51	-	-
^{26}Fe	-	-	-	-	0.62	-	0.96

(다) 결론

이물의 표면 및 입자 형태가 대조품 중 석고와 유사하고, 주성분인 칼슘(Ca), 황(S)의 비율이 유사한 것으로 볼 때 석고의 일종으로 판단됨.

※ 참고

석고는 수화된 황산칼슘($CaSO_4 \cdot 2H_2O$)으로 구성된 황산염광물로 가장 일반적인 황산염광물의 하나이며 미량성분으로는 철(Fe), 마그네슘(Mg), 스트론튬(Sr) 등이 있다. 안료, 건축 재료, 미술 재료, 의료용 깁스, 치과 재료 등에 사용되며, 제조 방법에 따라 평행사변형의 윤곽을 가진 널반지모양, 기둥모양, 섬유모양, 덩어리모양, 가루모양 등 다양한 결정구조를 나타낸다. 석고로 추정되는 이물을 분석할 때에는 광학현미경을 이용하여 입자의 형태를 관찰한 후 X선 형광분석기를 이용하여 무기성분의 조성을 분석하는 것이 좋다.

10. 고형차 중 원료성분 변화(응집물) 판별

- 이물이 발견된 식품 : 고형차(건강기능식품)
- 대조품 : 이물이 발견된 제품과 동일한 제품의 내용물

(가) 실험방법

① 실체 현미경을 이용하여 형상을 관찰.

② 물을 이용하여 용해시험을 실시한 후 잔류물이 남는지 관찰.

③ XRF를 이용하여 X선을 조사한 시료에서 발생하는 형광 X선을 측정하여 무기성분의 조성을 분석하고, X선을 투과(Transmission)시켜 주요성분의 분포를 관찰.

표 34. XRF 분석조건

Instrument	Condition
Acquisition Time	600 s
Process Time	6
XGT Diameter	10 ㎛
X-ray tube voltage	50 kV
Current	1,000 mA
Analysis object Range	^{11}Na ~ ^{92}U

(나) 실험결과

① 이물는 길이 약 3.7 ㎜, 두께 약 7 ㎜의 크기로 갈색을 띠고 있으며 표면을 500배의 배율로 관찰했을 때 백색과 갈색의 알갱이가 서로 뭉쳐있음. 대조품은 갈색의 분말로 500배의 배율로 관찰했을 때 이물과 유사하게 백색과 갈색의 알갱이가 서로 뭉쳐있는 형태를 하고 있음.

그림 72. 외관 관찰 결과

② 용해반응 결과, 이물과 대조품 모두 물에 용해되어 이물로 추정되는 물질이 발견되지 않음.

그림 73. 용해시험 결과; 좌:이물, 우:대조품

③ X선을 투과시켜 이물 내부를 관찰하였을 때 이물로 추정할 수 있는 물질을 발견할 수 없으며 이물과 대조품 모두 ^{11}Na~ ^{92}U의 원소 중 칼륨 및 망간이 유사한 비율로 분포되어 있음.

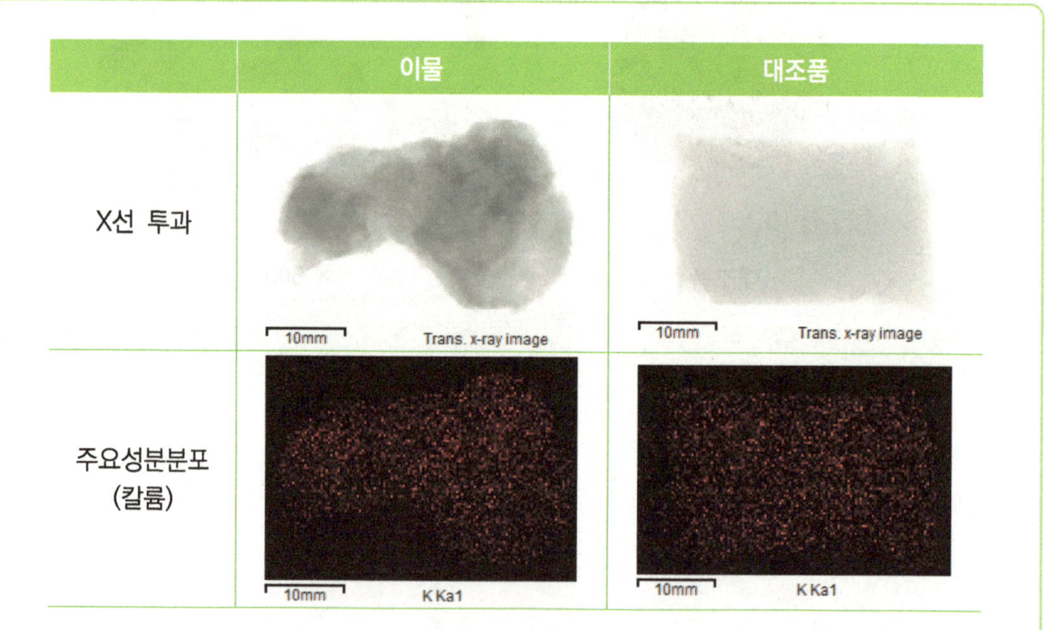

	이물	대조품
X선 투과	10mm Trans. x-ray image	10mm Trans. x-ray image
주요성분분포 (칼륨)	10mm K Ka1	10mm K Ka1

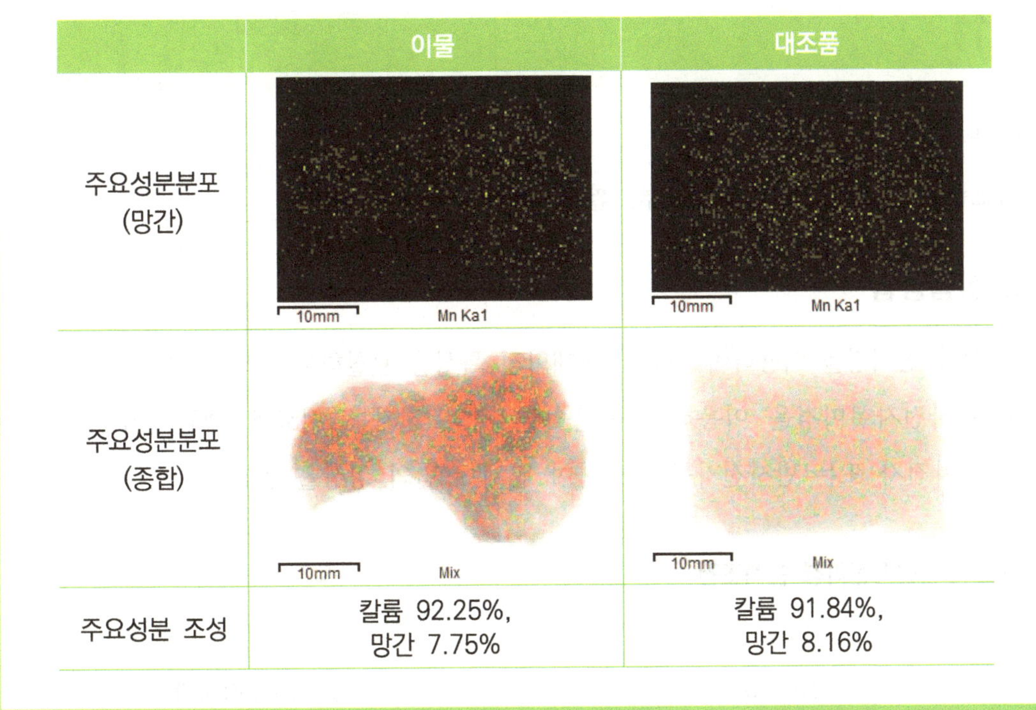

	이물	대조품
주요성분분포 (망간)	10mm Mn Ka1	10mm Mn Ka1
주요성분분포 (종합)	10mm Mix	10mm Mix
주요성분 조성	칼륨 92.25%, 망간 7.75%	칼륨 91.84%, 망간 8.16%

그림 74. X선 형광분석기를 이용한 무기성분 관찰 결과

(다) 결론

외관검사, 용해시험 및 X선 투과검사 결과, 이물은 제품 내용물 이외의 이물로 추정되는 물질이 발견되지 않았음. 성분분석 및 주요성분 분포 확인 결과, 이물과 대조품의 주요성분은 칼륨, 망간으로 분포된 양상 및 성분 비율을 볼 때 동일한 물질인 것으로 추정됨. 따라서 이물은 제품 내용물이 응집된 것으로 판단됨.

11. 양파즙 중 사용원료의 비가식 부위 판별

- 이물이 발견된 식품 : 양파즙
- 대조품 : 양파의 각 부위(가식부, 껍질, 심지, 뿌리), 모래

(가) 실험방법

① 광학 현미경을 이용하여 시료의 형태학적 특성을 관찰하고 빛의 투과 여부를 확인.

② 주사전자현미경을 이용하여 높은 에너지의 전자를 시료에 충돌시켜 발생되는 이차전자 또는 반사전자를 검출하여 검체 표면의 형상을 관찰.

표 35. 주사전자현미경 분석조건

Instrument	Condition
Resolution	5 mm (30 kV)
Magnification	**× 30 ~ × 100,000**
Accaleration Voltage	5~30 kV
Detector	SE/BSE
Observation Mode	Standard mode
Electron Gun	Pre-centered tungsten filament cartridge

③ XRF를 이용하여 X선을 조사한 시료에서 발생하는 형광 X선을 측정하여 무기성분의 조성을 분석하고, X선을 투과(Transmission)시켜 주요성분의 분포를 관찰.

표 36. XRF 분석조건

Instrument	Condition
Acquisition Time	600 s
Process Time	6
XGT Diameter	10 ㎛
X-ray tube voltage	50 kV
Current	1,000 mA
Analysis object Range	^{11}Na ~ ^{92}U

④ FT-IR을 이용하여 시료에 적외선을 조사한 후 에너지의 흡수율을 측정하고 스펙트럼 패턴을 비교.

표 37. FT-IR 분석조건

Instrument	Condition
Detector	DTGS ATR
Beam Splitter	KBr
Range Limit	400 ~ 4000 cm^{-1}
No. of Scans	32
Resolution	4

(나) 실험결과

① 광학현미경 관찰 결과 이물은 특정한 형태를 가지고 있지 않은 옅은 갈색의 물질로 대조품 3(양파 심지), 대조품 4(양파 뿌리)와 부분적으로 유사한 형태를 가지고 있음. 특히 대조품 5(모래)는 빛의 투과정도 및 형상이 이물 및 다른 대조품들과 차이를 보임.

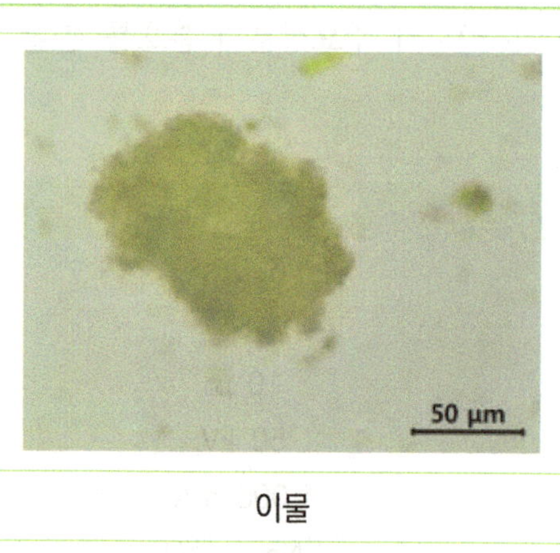

이물

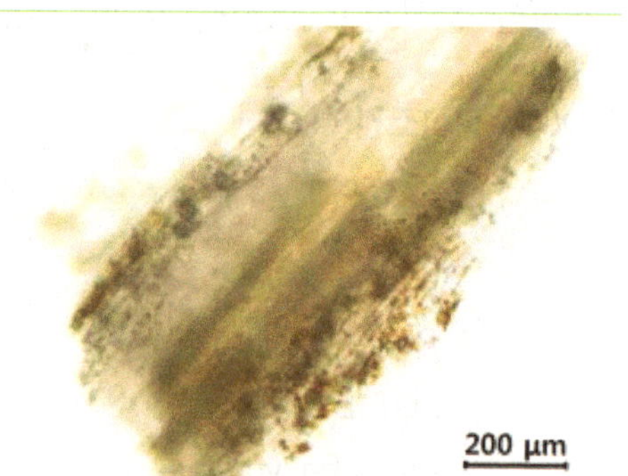

대조품 1(양파 엽육, × 100)

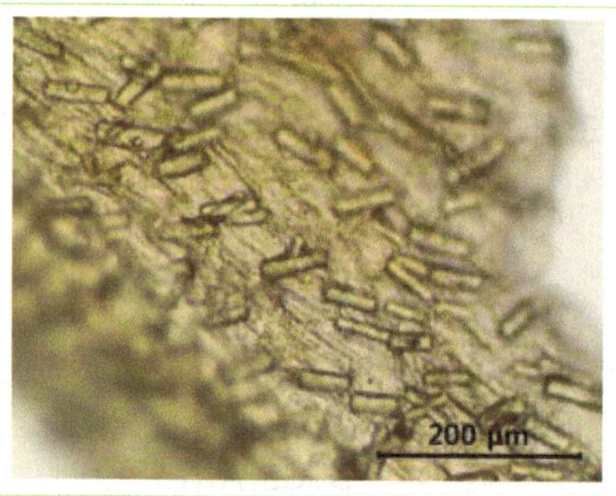

대조품 2(양파 껍질, × 200)

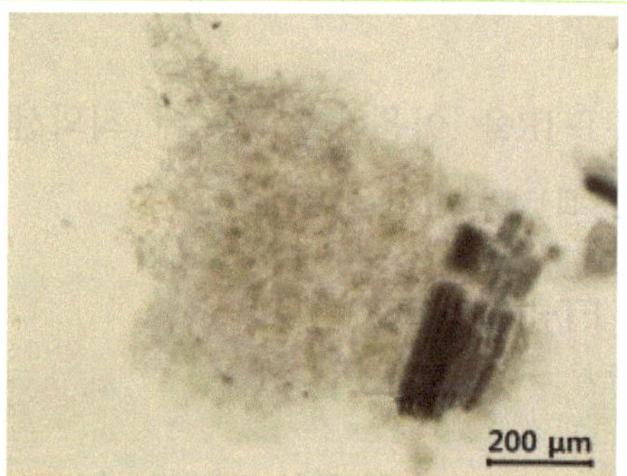

대조품 3(양파 심지, × 100)

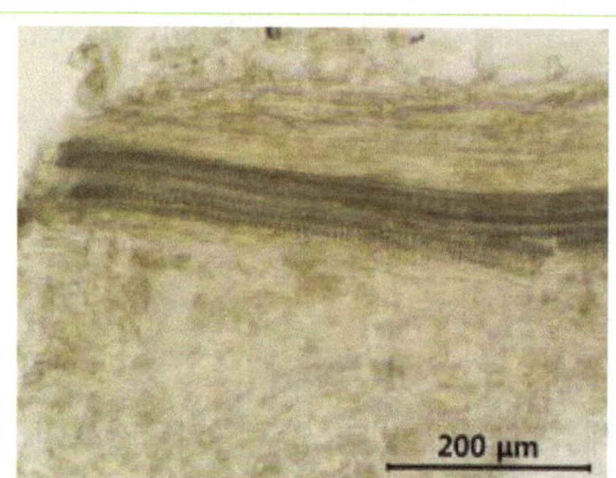

대조품 4(양파 뿌리, × 200)

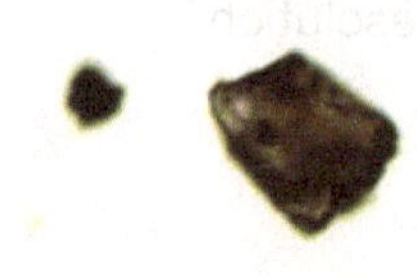

대조품 5(모래, × 100)

그림 75. 광학현미경 관찰 결과

② 주사전자현미경 검사 결과 이물은 거친 표면과 기공을 가지고 있어 대조품과는 다른 형상을 보임.

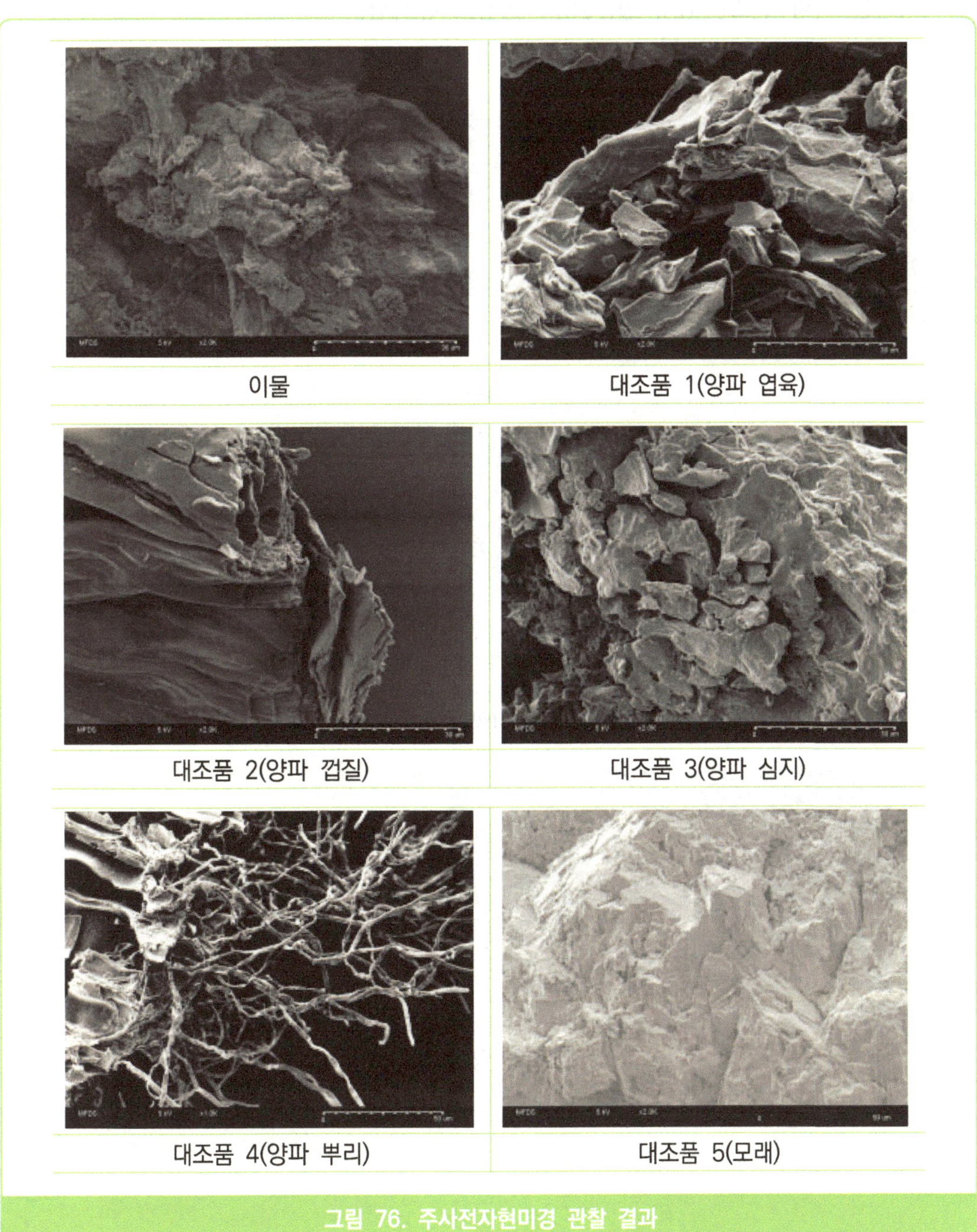

그림 76. 주사전자현미경 관찰 결과

③ X선을 투과시켜 이물 내부를 관찰하였을 때 이물의 주요원소는 칼륨(K), 칼슘(Ca), 황(S)으로 대조품 1(양파 엽육), 3(양파 심지)과 유사하며, 특히 대조품 3과는 미량 원소(인(P), 철(Fe))의 조성도 유사함.

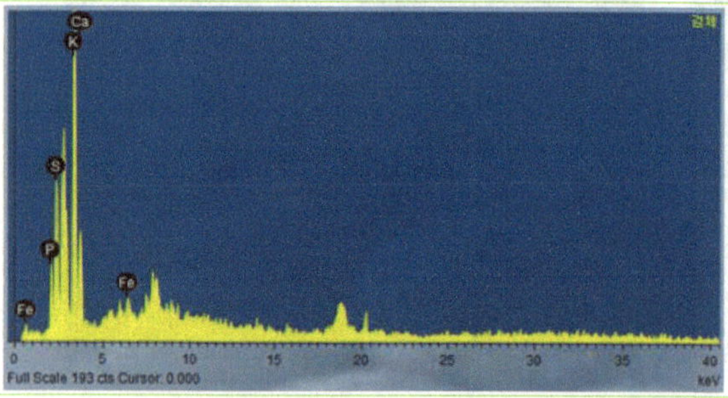

원소명	조성(Mass %)
^{19}K	54.29
^{20}Ca	27.44
^{16}S	11.36
^{15}P	5.29
^{26}Fe	1.61

이물

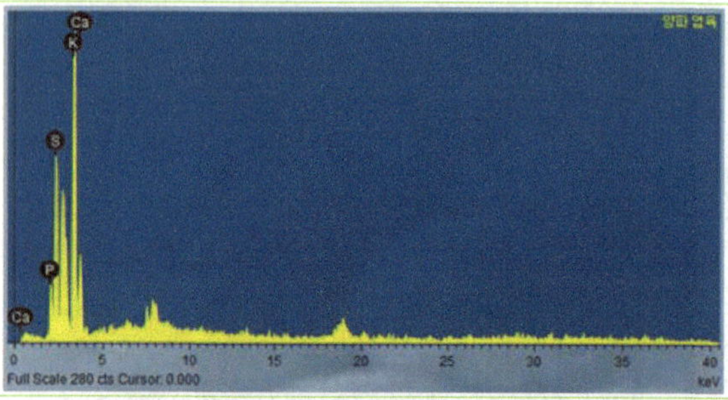

원소명	조성(Mass %)
^{19}K	59.61
^{20}Ca	22.01
^{16}S	13.09
^{15}P	5.29

대조품 1(양파 엽육)

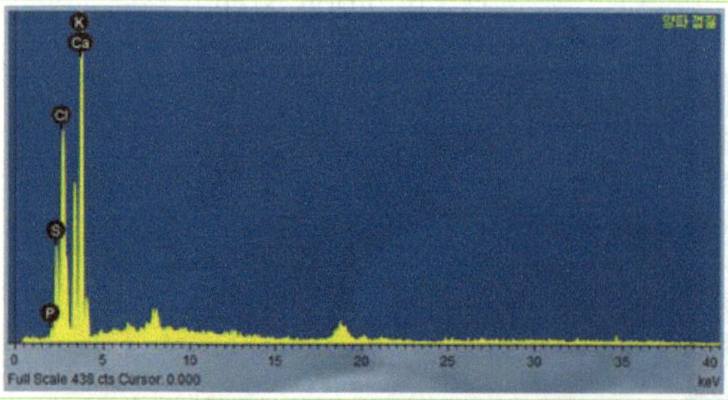

원소명	조성(Mass %)
^{20}Ca	59.23
^{19}K	22.23
^{17}Cl	13.14
^{16}S	4.68
^{15}P	0.71

대조품 2(양파 껍질)

그림 77. X선 형광분석기를 이용한 무기성분 분석 결과(계속)

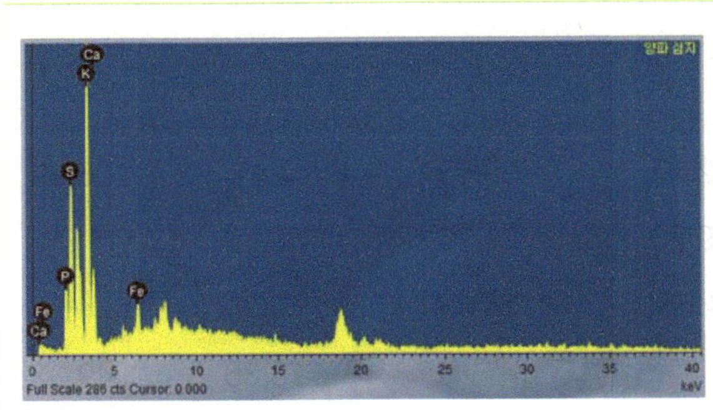

원소명	조성(Mass %)
^{19}K	53.55
^{20}Ca	21.76
^{16}S	13.68
^{15}P	8.08
^{26}Fe	2.94

대조품 3(양파 심지)

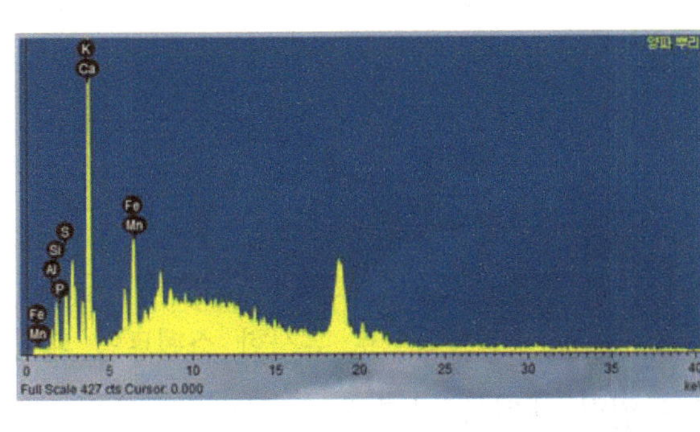

원소명	조성(Mass %)
^{20}Ca	48.10
^{14}Si	13.36
^{13}Al	11.75
^{19}K	7.41
^{26}Fe	6.82
^{16}S	6.04
^{25}Mn	3.90
^{15}P	2.62

대조품 4(양파 뿌리)

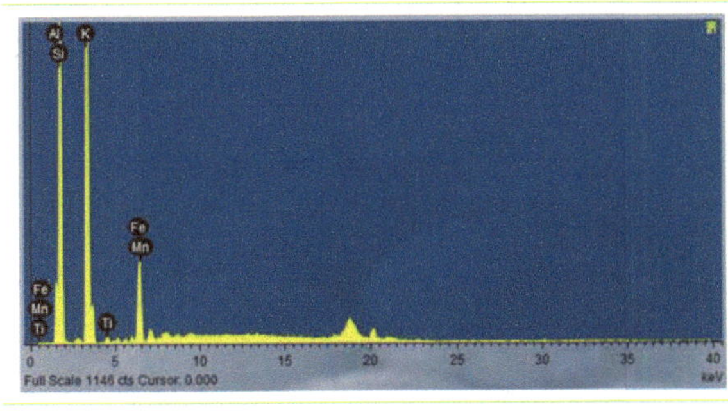

원소명	조성(Mass %)
^{14}Si	49.32
^{19}K	36.99
^{13}Al	10.86
^{26}Fe	2.31
^{22}Ti	0.42
^{25}Mn	0.11

대조품 5(모래)

그림 77. X선 형광분석기를 이용한 무기성분 분석 결과

표 38. 이물 및 대조품 무기성분 조성 비교

(단위 : mass %)

원소명	이물	대조품 1 (양파 가식부)	대조품 2 (양파 껍질)	대조품 3 (양파 심지)	대조품 4 (양파 뿌리)	대조품 5 (모래)
^{19}K	54.29	59.61	22.23	53.55	7.41	36.99
^{20}Ca	27.44	22.01	59.23	21.76	48.10	-
^{16}S	11.36	13.09	4.68	13.68	6.04	-
^{14}Si	-	-	-	-	13.36	49.32
^{13}Al	-	-	-	-	11.75	10.86
^{15}P	5.29	5.29	0.71	8.08	2.62	-
^{26}Fe	1.61	-	-	2.94	6.82	2.31
^{17}Cl	-	-	13.14	-	-	-
^{25}Mn	-	-	-	-	3.90	0.11
^{22}Ti	-	-	-	-	-	0.42

④ FT-IR 분석 결과 이물과 대조품 1, 2, 3, 4는 전체적으로 유사한 스펙트럼 패턴을 보이는데, 특히 대조품 3과는 거의 동일한 패턴을 나타냄
검체와 대조품 1, 2, 3, 4는 -OH 기, N-H 결합을 함유하고 있는 것으로 보아 식물성 물질인 것으로 판단됨.
대조품 5는 이물과 다른 대조품들과는 다르게 토양광물이 많이 함유하고 있는 S=O, Si-O 결합을 가지고 있음.

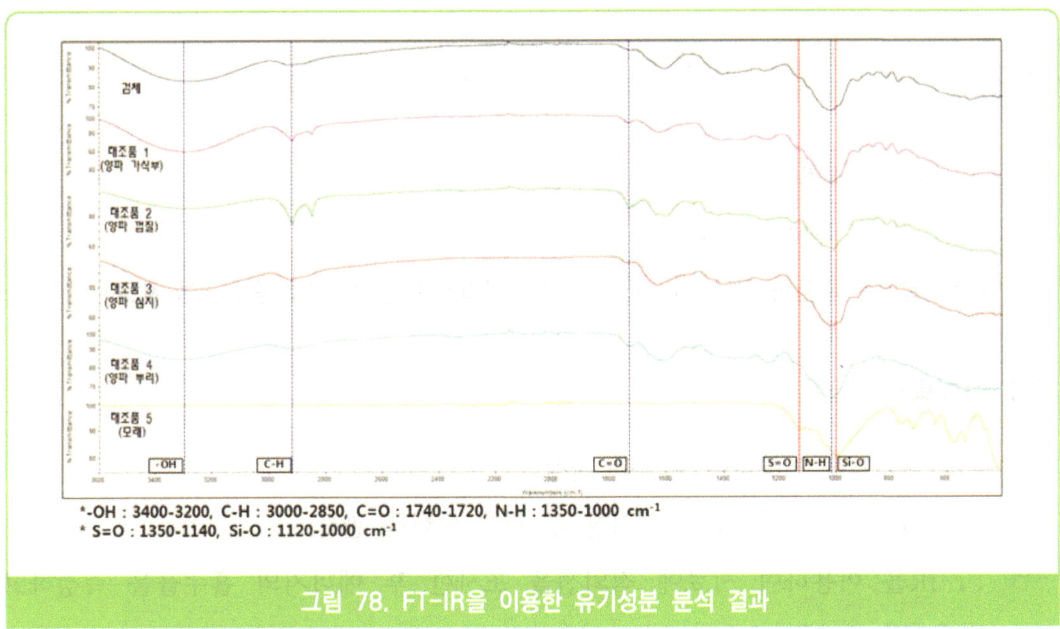

그림 78. FT-IR을 이용한 유기성분 분석 결과

(다) 결론

이물은 원소 조성과 적외선 분광광도계 스펙트럼 패턴이 양파 엽육 및 심지와 유사한 것으로 볼 때, 양파의 일부인 것으로 추정됨.

12. 식빵 중 탄화물 판별

- 이물이 발견된 식품 : 식빵
- 대조품 : 고무, 식빵 탄화물

* 이물이 발견된 제품과 같은 제조사의 식빵을 가열하여 인위적으로 탄화물을 제조

(가) 실험방법

① 실체 현미경을 이용하여 형상을 관찰.

② 물을 이용하여 용해시험을 실시한 후 형태 변화를 관찰.

③ FT-IR을 이용하여 시료에 적외선을 조사한 후 에너지의 흡수율을 측정하고 스펙트럼 패턴을 비교.

표 39. FT-IR 분석조건

Instrument	Condition
Detector	DTGS ATR
Beam splitter	KBr
Range limit	400~4000 cm^{-1}
No. of scans	32
Resolution	4

(나) 실험결과

① 실체현미경 관찰 결과, 이물과 식빵 탄화물은 부분적으로 검은색과 갈색을 띠고 있으며 잘 부서짐. 고무는 색상 및 형태에서 이물과 큰 차이를 보임.

그림 79. 실체현미경 관찰 결과

② 이물의 복원 시험 결과, 식빵 탄화물과 유사하게 갈색을 띠는 부분만 복원되어 풀어지며, 고무는 형태의 변화가 없는 것으로 볼 때 이물과는 다른 물질로 추정됨.

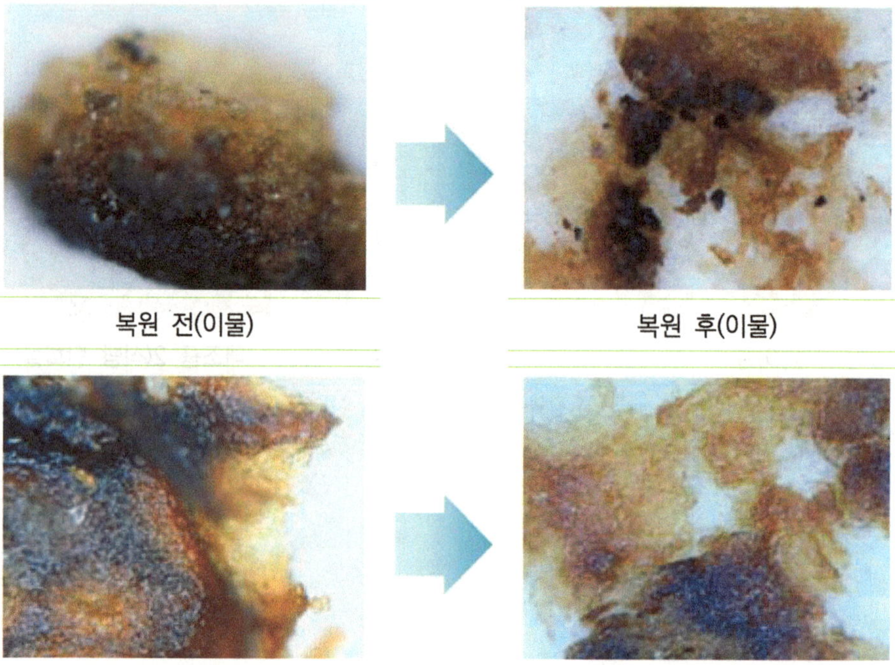

복원 전(이물)

복원 후(이물)

복원 전(식빵 탄화물)

복원 후(식빵 탄화물)

그림 80. 복원시험 결과

③ FT-IR 분석 결과, 이물은 고무와 다른 패턴의 스펙트럼을 나타내는 것으로 볼 때 고무와 동일한 물질이 아닌 것으로 추정되며, 식빵 탄화물은 이물의 스펙트럼과 부분적으로 유사한 경향을 보임.

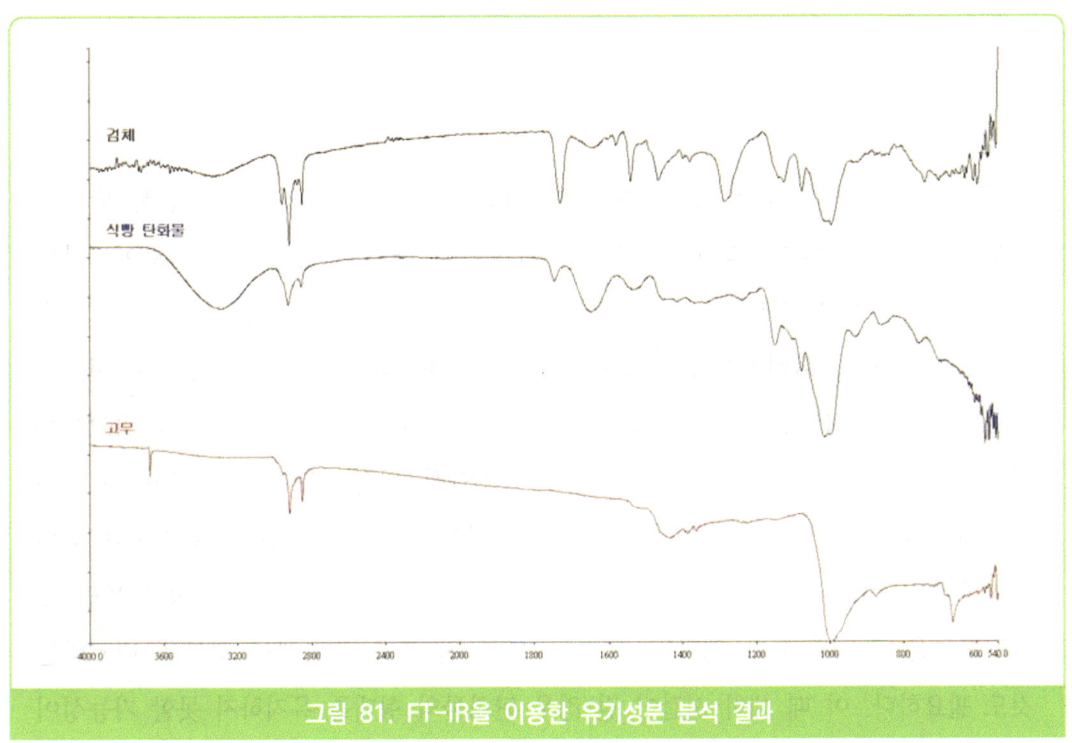

그림 81. FT-IR을 이용한 유기성분 분석 결과

(다) 결론

실체현미경 관찰, 복원 시험 및 FT-IR 분석 결과로 볼 때 이물은 고무가 아닌 탄화물로 판단됨.

※ 참고

식품의 탄화물은 잘 부스러지며 수분 복원시험을 실시했을 때 완전히 탄화된 부분은 형태의 변화가 적다. 육안으로 관찰했을 때에는 검은색으로 보이더라도 확대해서 관찰하면 다양한 색이 혼합된 상태 또는 표면의 형상 등을 확인할 수 있으므로 확대경, 실체현미경 등으로 관찰하는 것이 필요하다. 보다 정확한 판정이 필요할 때에는 적외선 분광광도계를 이용하여 이물이 발견된 원 식품과 비교하는 것이 좋다. 원 식품과 탄화물은 유사한 적외선 분광광도계 스펙트럼 패턴을 나타내는데, 탄화가 많이 진행될수록 원 식품에서 수분과 단백질 및 탄수화물 등의 영영성분이 줄어든 스펙트럼을 나타내며 감도(intensity)가 낮아지는 경향을 보인다.

탄화물은 필요에 따라 헵탄(heptane) 세척 전·후를 측정해서 성분을 비교하는 것도 필요하다. 이 때 세척 시간이 길 경우 탄화물의 형태를 유지하지 못할 가능성이 있기 때문에 10초 이내에 세척하는 것이 좋다.

13. 맥주 중 원료혼탁 판별 1

- 이물이 발견된 식품 : 맥주
- 대조품 : 맥주 효모, 전분

* 제품에서 이물로 혼입된 사례가 있는 효모, 전분을 대조품으로 선정

(가) 실험방법

① 이물이 함유되어 있는 맥주를 원심분리하여 부유물을 침전시킨 후, 침전물을 증류수로 세척하고 원심분리하는 과정을 3회 반복.

② 광학 현미경을 이용하여 형태학적 특성을 관찰하고 단백질 정성(에오신 Y 반응) 및 탄수화물 정성(몰리시 반응)을 실시.

③ 1% 염산을 이용하여 용해반응을 실시하고 시료의 용해 여부를 확인.

④ FT-IR을 이용하여 시료에 적외선을 조사한 후 에너지의 흡수율을 측정하고 스펙트럼 패턴을 비교.

표 40. FT-IR 분석조건

Instrument	Condition
Detector	DTGS ATR
Beam splitter	KBr
Range limit	400~4000 cm^{-1}
No. of scans	32
Resolution	4

(나) 실험결과

① 광학현미경 관찰 결과 이물과 대조품은 형상이 다름.

	× 400	× 1,000
이물		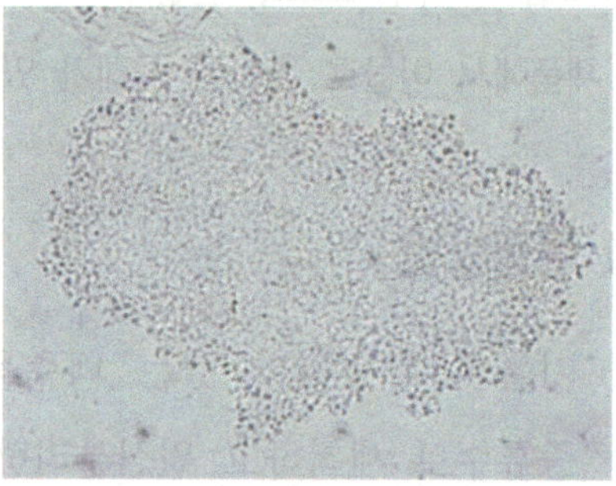
대조품 1 (맥주 효모)	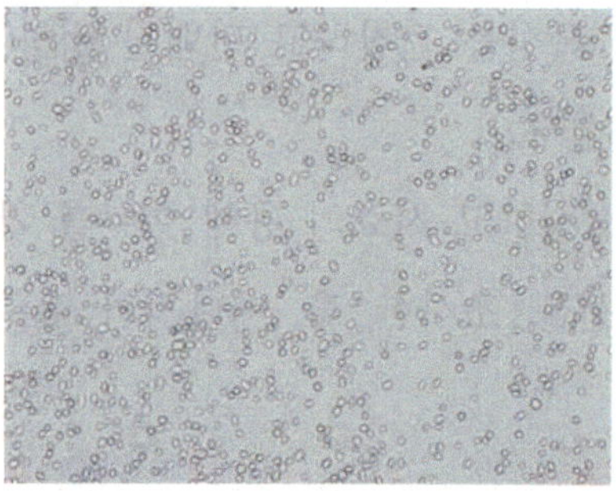	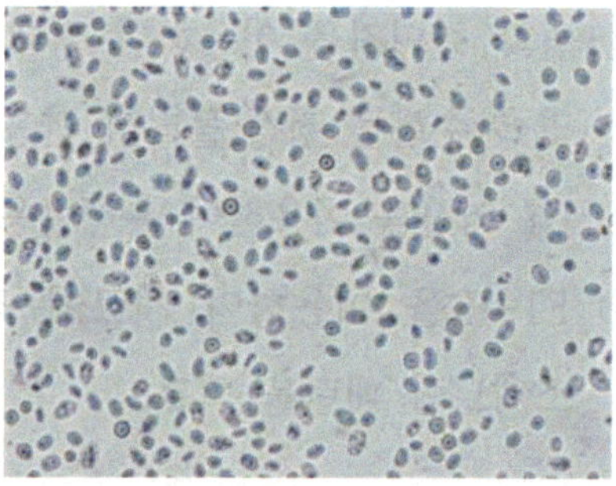
대조품 2 (전분)	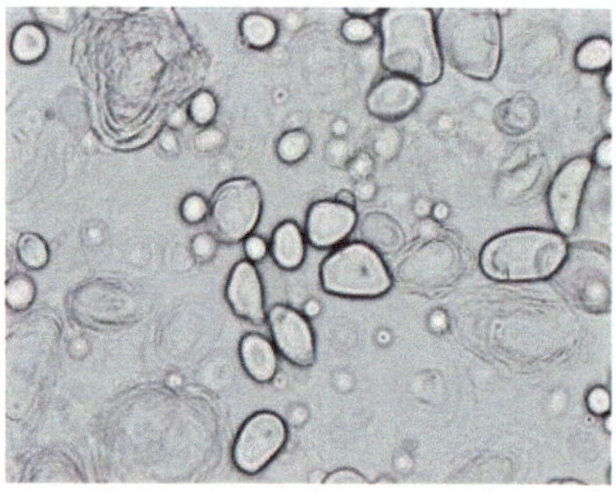	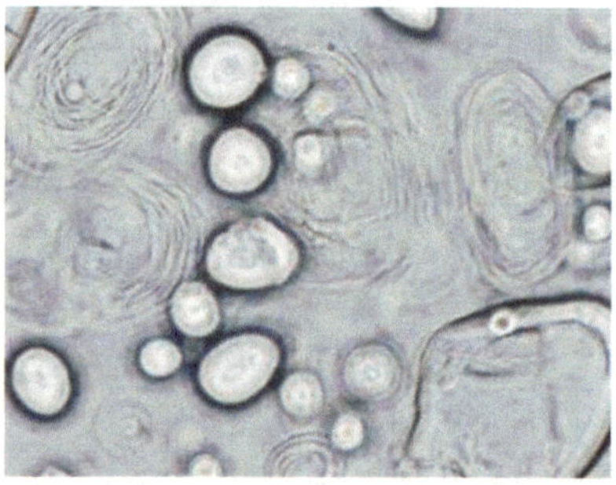

그림 82. 광학현미경 관찰 결과

② 단백질 정성분석 결과 이물과 대조품 중 맥주 효모만 단백질을 함유하고 있음.

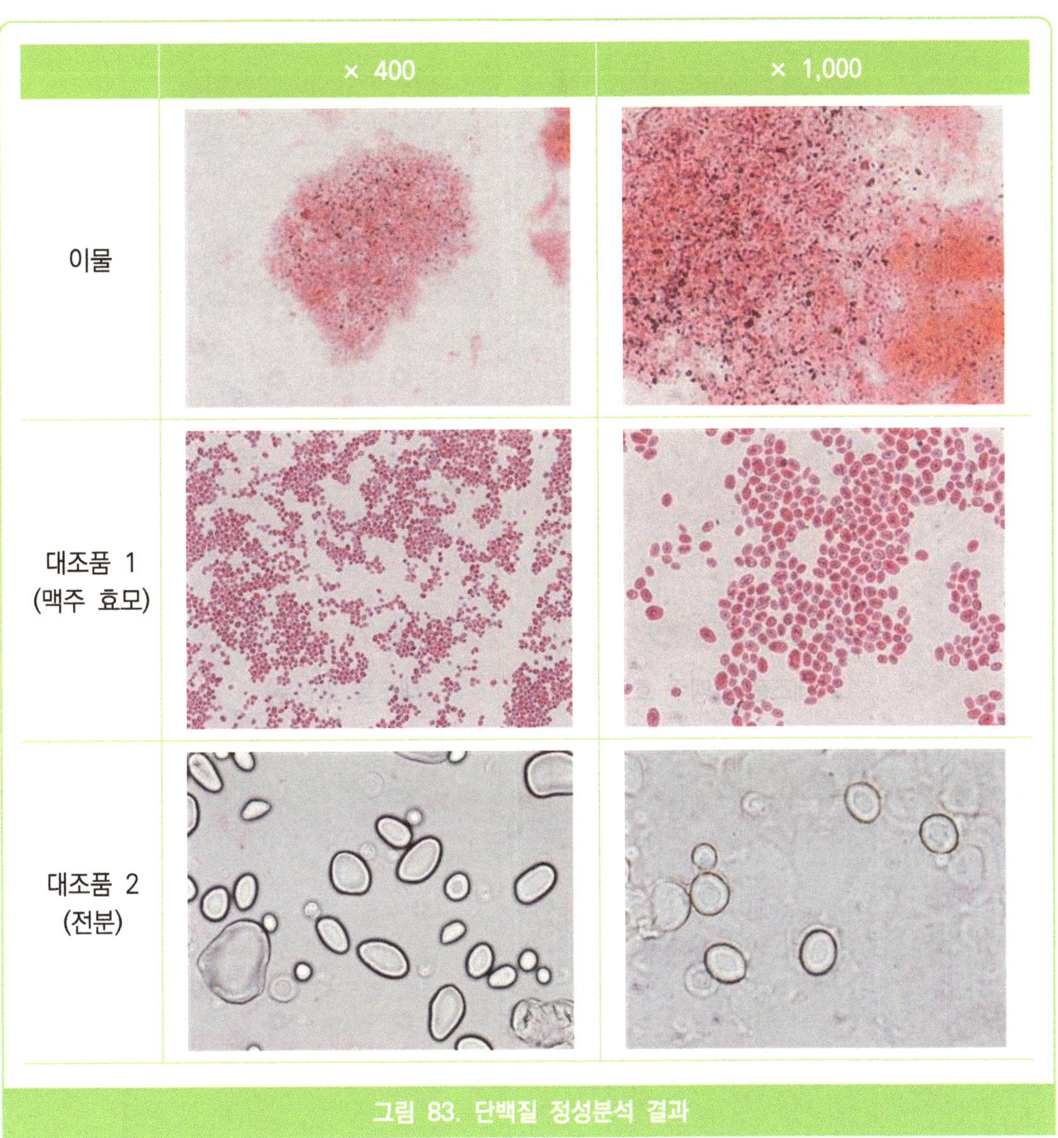

그림 83. 단백질 정성분석 결과

③ 탄수화물 정성분석 결과 이물과 대조품 모두 탄수화물을 함유하고 있음.

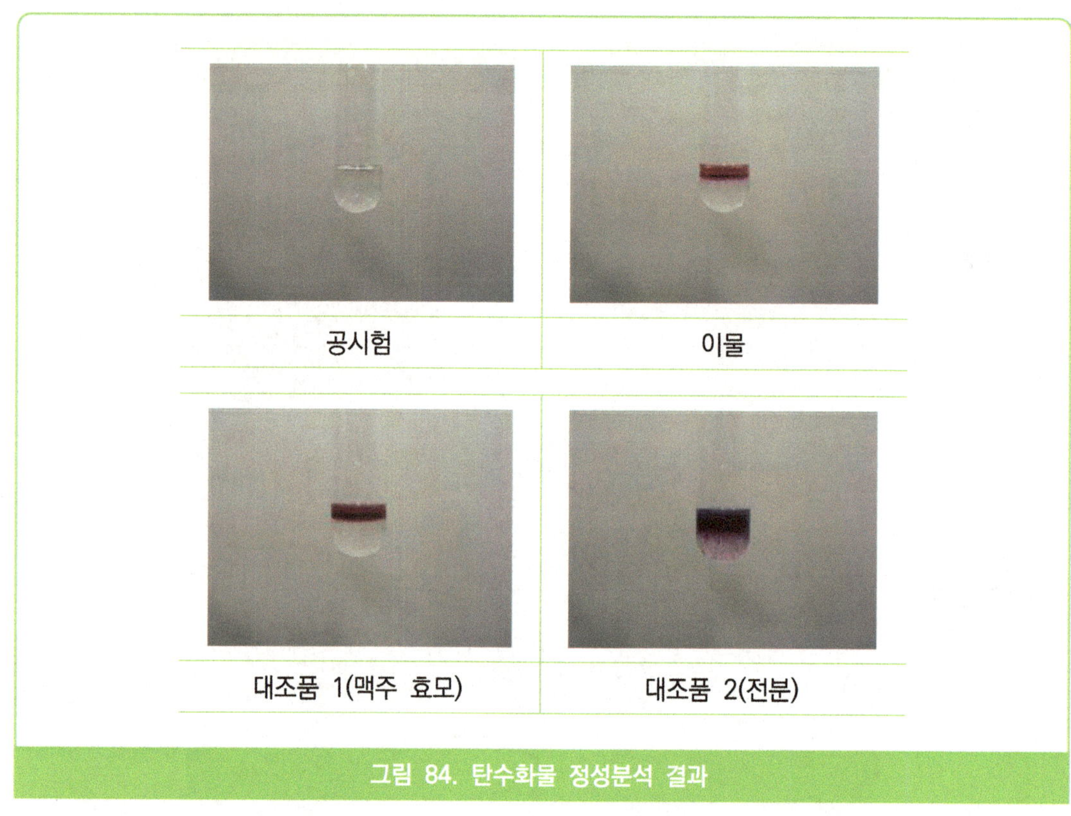

그림 84. 탄수화물 정성분석 결과

④ 용해 반응 결과 이물과 대조품 중 전분은 용해되어 잔류물이 남지 않았음.

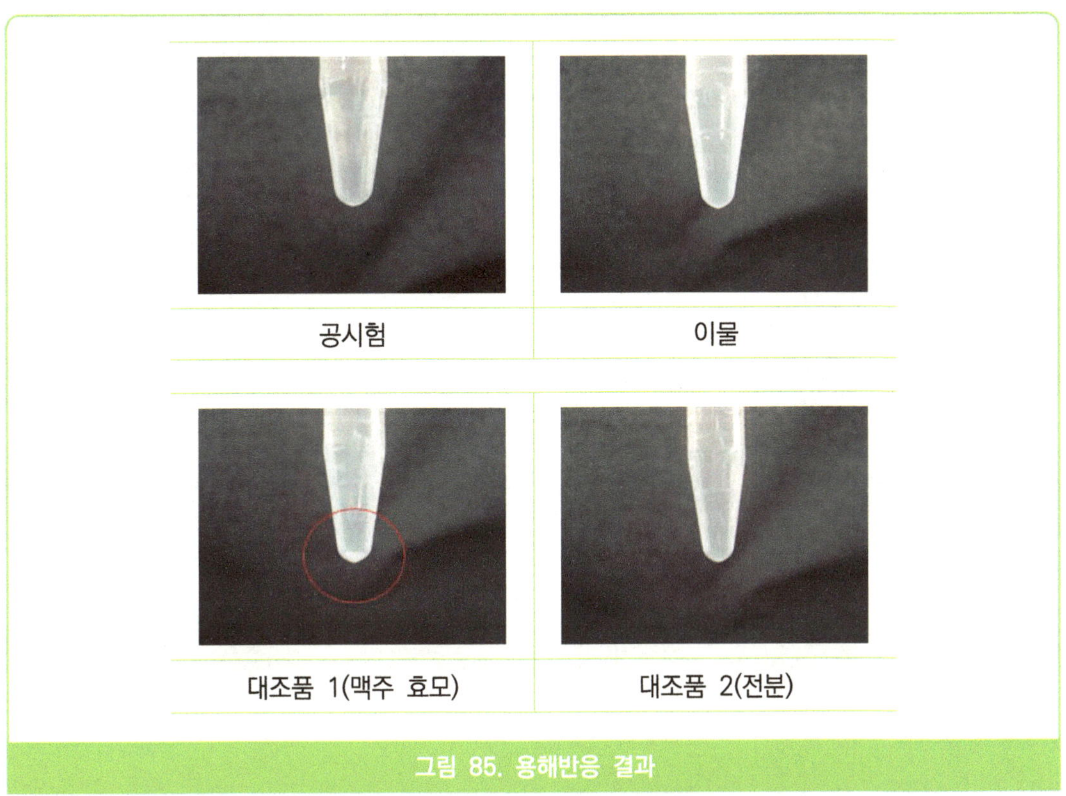

그림 85. 용해반응 결과

⑤ FT-IR 분석 결과 이물과 대조품은 모두 다른 스펙트럼 패턴을 나타냄.

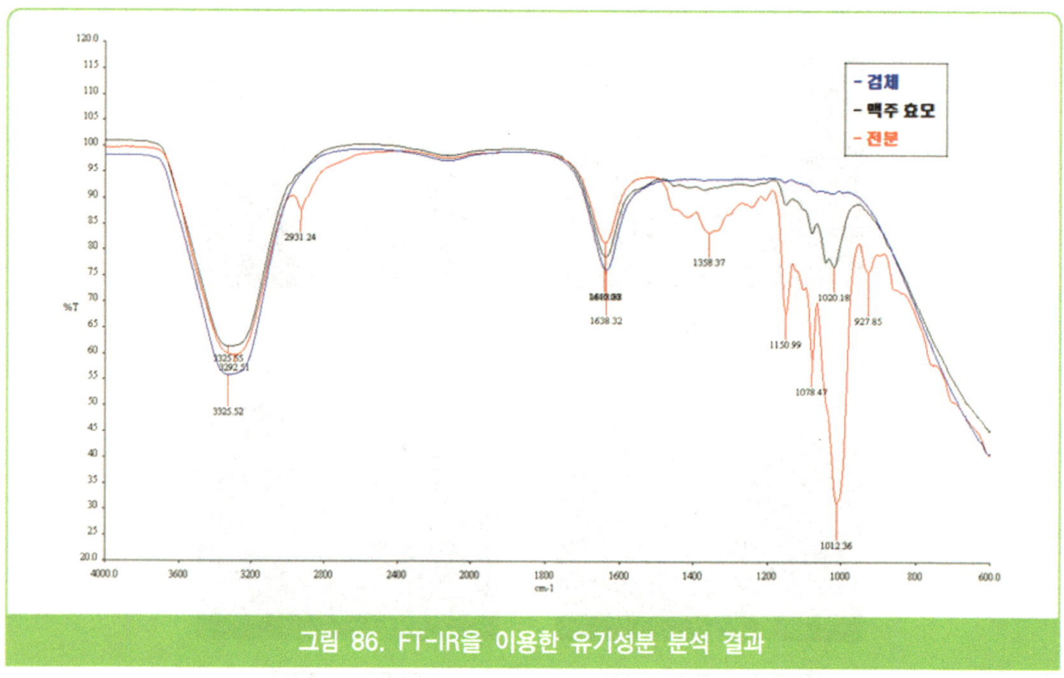

그림 86. FT-IR을 이용한 유기성분 분석 결과

(다) 결론

이물은 입자의 형태 및 FT-IR 스펙트럼 패턴을 볼 때 효모, 전분과는 다른 물질이며, 단백질, 탄수화물을 함유하고 있고 고온의 저농도 염산용액에서 분해되는 것으로 볼 때 맥주의 혼탁 중 비생물적 혼탁인 것으로 판단됨.

※ 참고

맥주에 함유되어 있는 자연 성분인 단백질, 폴리페놀, 탄수화물, 유기산, 무기질 등이 온도변화, 태양광, 산화 등의 요인에 의하여 응고되거나 뿌옇게 되는 현상으로 생물적 혼탁, 비생물적 혼탁으로 구분된다.

1. 생물적 혼탁(Biological Haze)
   - 효모나 세균에 의하여 발생하는 혼탁으로 맥주 여과가 불충분하거나 2차 오염에 의해 발생하며 맥주를 개봉한 채 장기보관하거나 잘못 취급된 생맥주에서 주로 발생한다.

2. 비생물적 혼탁(Non-Biological Haze)
   (1) 한랭혼탁(Chill Haze)
   - 장기 보관된 맥주를 저온으로 냉각시킬 때 발생하는 혼탁으로 폴리페놀과 단백질의 복합체에 의해 발생하는 일시적인 혼탁을 말한다.
   - 맥주를 0 ℃로 냉각시켰을 때 발생하고 20 ℃ 이상으로 온도를 올리면 용해된다.

   (2) 영구혼탁(Permanent Haze)
   - 한랭혼탁과 마찬가지로 폴리페놀과 단백질의 복합체에 의해 발생하며 맥주의 온도를 20℃로 올려도 용해되지 않는다.
   - 맥주를 고온 또는 빙점 이하의 온도에서 장기간 보관, 한랭혼탁의 반복, 심한 진동 등에 의해 발생할 가능성이 있다.

(3) 동결혼탁(Frozen Beer Precipitates)

- 맥주가 동결되었을 때 발생하며 대맥 배유세포의 세포벽을 구성하는 베타 글루칸(β-glucan)에서 유래되는 혼탁을 말한다.

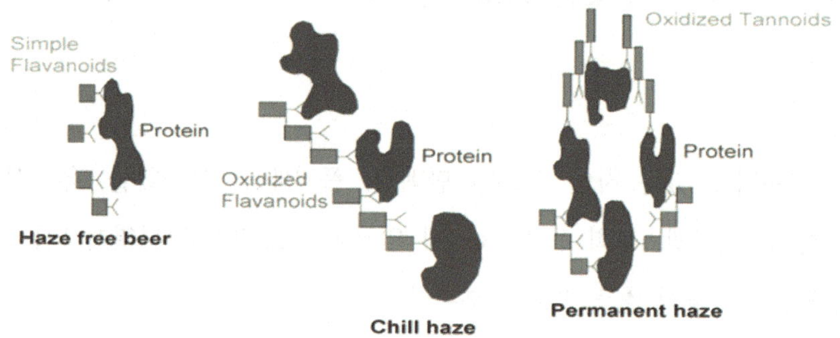

〈한랭혼탁 및 영구혼탁의 구조〉

※ 출처 : Mustafa Rehmanji, Chandra Gopal, and Andrew Mola, Beer Stabilization Technology-Clearly a Matter of Choice, Master Brewers Association of the Americas (2005)

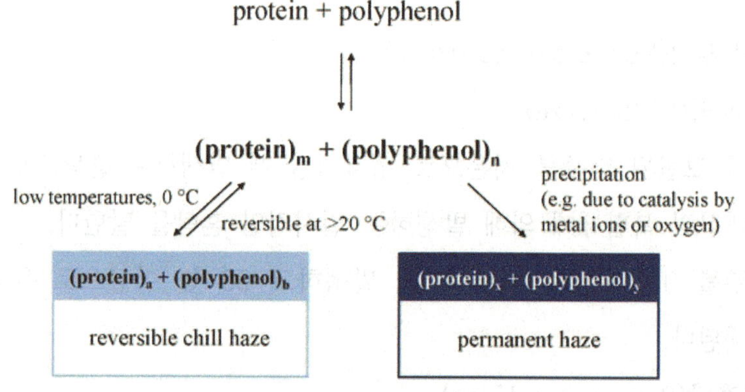

〈한랭혼탁 및 영구혼탁의 발생 경로〉

※ 출처 : Jean Titze, Antonie Herrmann and Vladimír Ilberg, Critical review of the understanding of chill haze formation in beer, EBC Symposium "From Chiller To Filler"(2012)

14. 맥주 중 원료혼탁 판별 2

- 이물이 발견된 식품 : 맥주
- 대조품 : 맥아, 호프, 효모슬러지, 맥아 담금박, 호프 찌꺼기

  * 맥주 제조공정 중 혼입될 가능성이 있는 원료 및 제조공정 산물을 대조품으로 선정

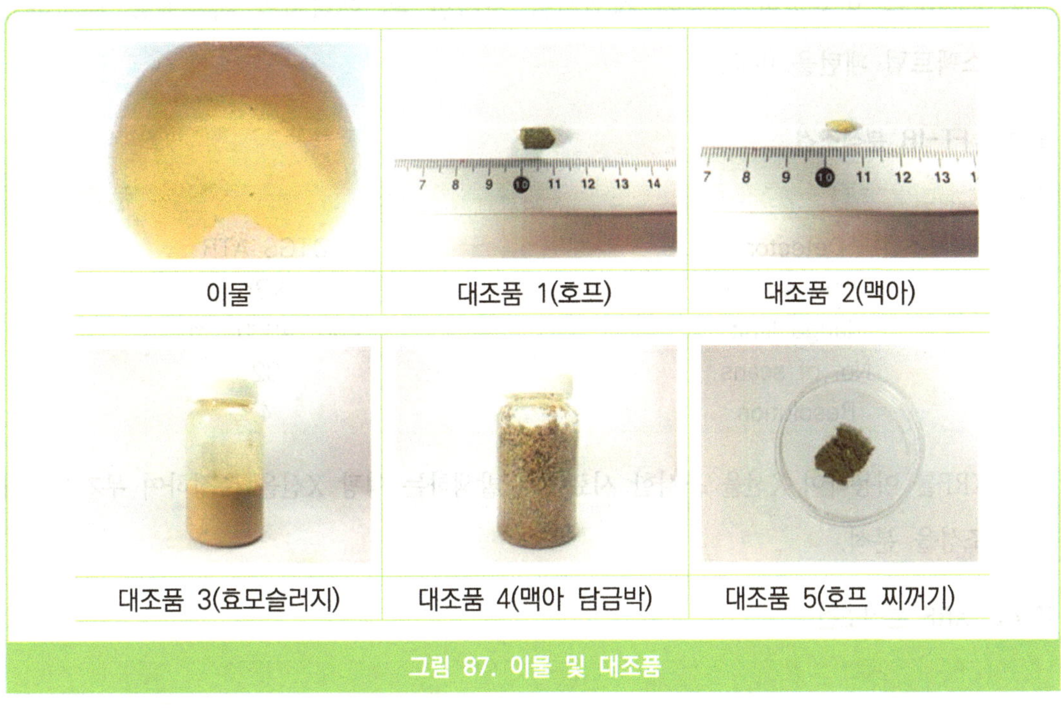

그림 87. 이물 및 대조품

(가) 실험방법

① 이물이 함유되어 있는 맥주를 원심분리하여 부유물을 침전시킨 후, 침전물을 증류수로 세척하고 원심분리하는 과정을 3회 반복.

② 실체 및 광학 현미경을 이용하여 형태학적 특성을 관찰하고 단백질 정성(에오신 Y 반응), 탄수화물 정성(몰리시 반응)을 실시.

③ 1% 염산을 이용하여 용해반응을 실시하고 시료의 용해 여부를 확인.

④ FT-IR을 이용하여 시료에 적외선을 조사한 후 에너지의 흡수율을 측정하고 스펙트럼 패턴을 비교.

표 41. FT-IR 분석조건

Instrument	Condition
Detector	DTGS ATR
Beam splitter	KBr
Range limit	400~4000 cm^{-1}
No. of scans	32
Resolution	4

⑤ XRF를 이용하여 X선을 조사한 시료에서 발생하는 형광 X선을 측정하여 무기성분의 조성을 분석.

표 42. XRF 분석조건

Instrument	Condition
Acquisition Time	300 s
Process Time	6
XGT Diameter	10 ㎛
X-ray tube voltage	50 kV
Current	1,000 mA
Analysis object Range	^{11}Na ~ ^{92}U

(나) 실험결과

① 이물은 일정한 형태를 가지고 있지 않은 갈색의 물질과 칼슘 옥살레이트로 추정되는 소량의 다면체(팔면체) 결정이 혼합되어 있는 상태로 대조품과는 다른 형상을 가지고 있음.

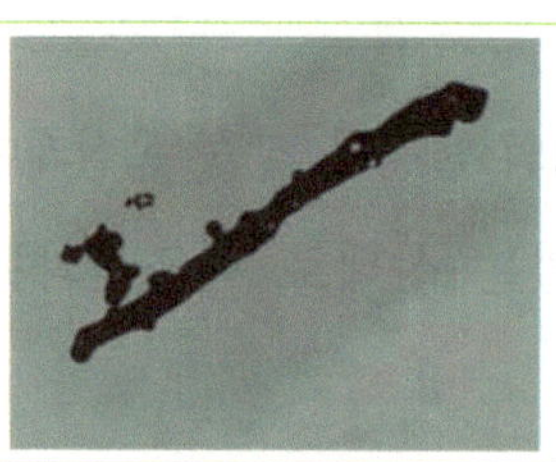	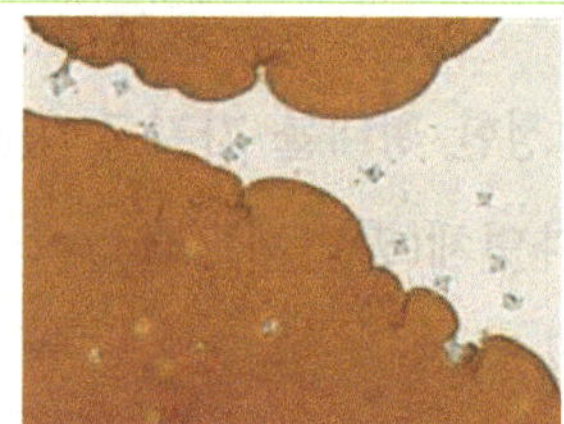
이물(×30)	이물(×400)
	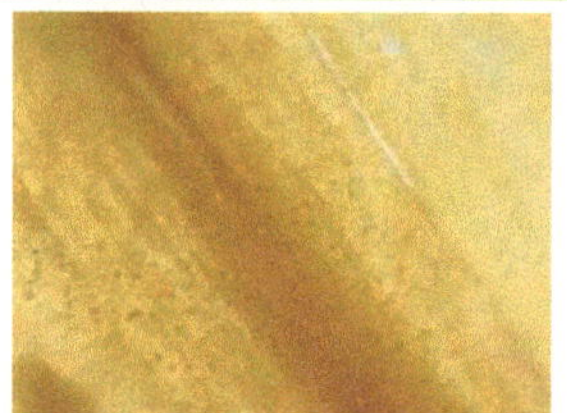
대조품 1(호프, ×400)	대조품 2(맥아, ×200)

대조품 3(효모 슬러지, ×200)	대조품 4(맥아 담금박, ×400)
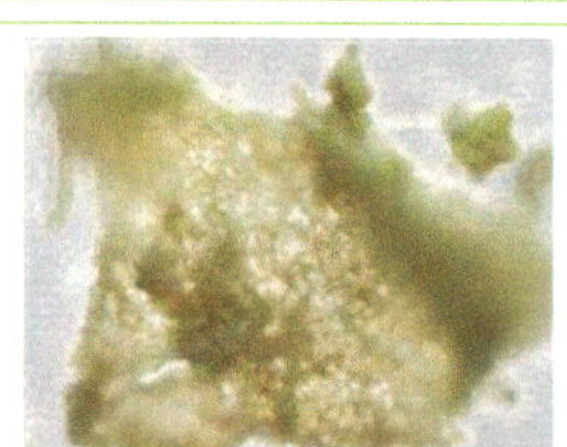	
대조품 5(호프 찌꺼기, ×100)	

그림 88. 이물 및 대조품 현미경 관찰 결과

② 복원시험 결과 이물은 넓게 퍼지는 등 형태가 변형되었으나 대조품은 큰 변화를 보이지 않음.

그림 89. 이물 및 대조품 복원시험 결과

③ 단백질 정성분석 결과 이물과 대조품 모두 단백질을 함유하고 있음.

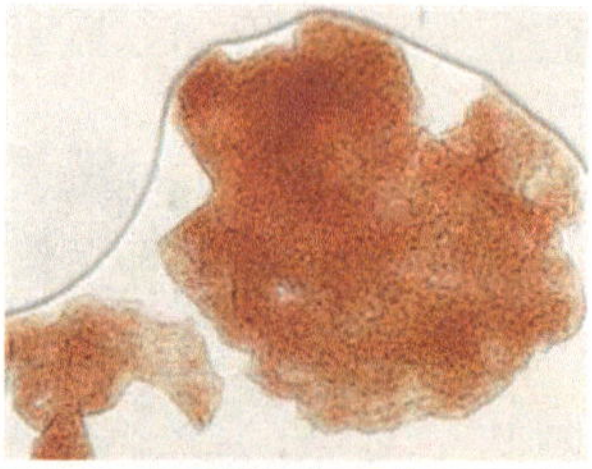

이물(× 400)	 이물(× 400)
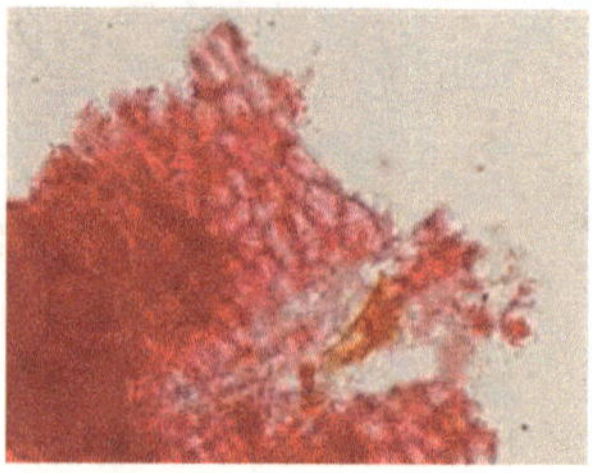 호프(× 400)	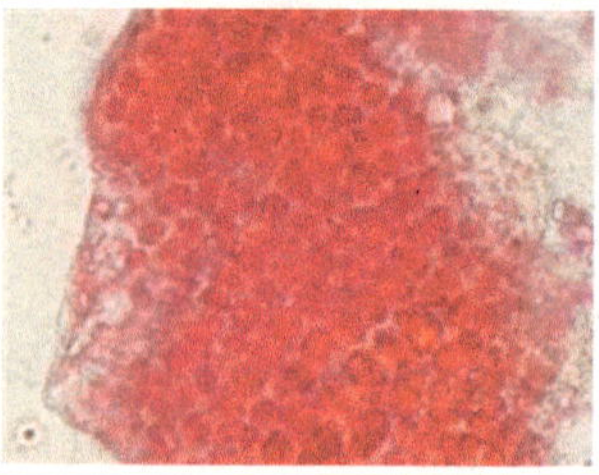 맥아(× 400)
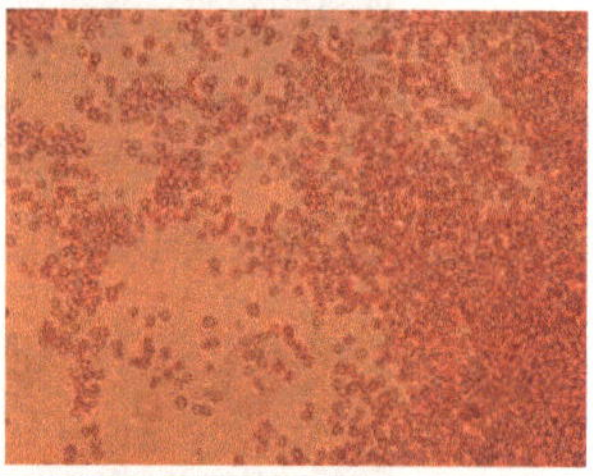 효모 슬러지(× 400)	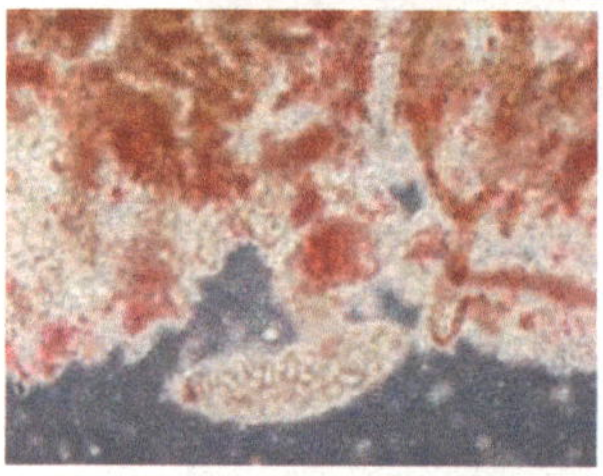 맥아 담금박(× 200)
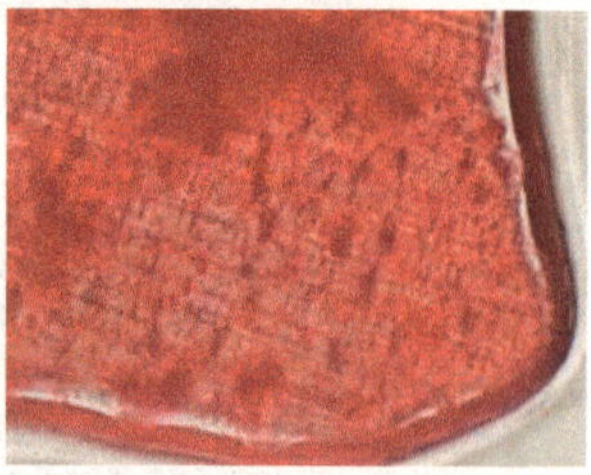 호프 찌꺼기(× 400)	

그림 90. 단백질 정성분석 결과

④ 탄수화물 정성분석 결과 이물과 대조품 모두 탄수화물을 함유하고 있음.

그림 91. 탄수화물 정성분석 결과

⑤ 용해반응 결과 이물은 전부 용해되었으나 대조품은 모두 용해되지 않고 잔류물이 남는 것을 확인할 수 있음.

그림 92. 용해반응 결과

⑥ 적외선 분광광도계 분석 결과 이물과 대조품은 각기 다른 스펙트럼 패턴을 보임.

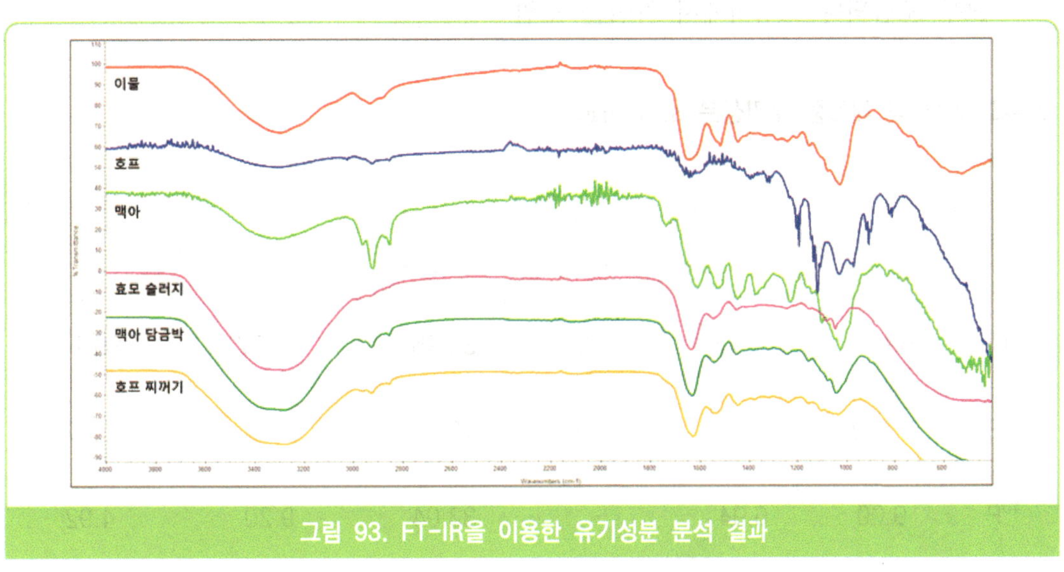

그림 93. FT-IR을 이용한 유기성분 분석 결과

⑦ 이물의 주성분인 칼슘(Ca), 황(S), 인(P), 칼륨(K)은 원료들이 함유하고 있는 성분에 모두 포함되나 조성비에서 차이를 보임.

표 43. 이물 및 대조품 무기성분 조성 비교

원소명	조성(Mass %)					
	이물	대조품 1 (호프)	대조품 2 (맥아)	대조품 3 (효모 슬러지)	대조품 4 (맥아 담금박)	대조품 5 (호프 찌꺼기)
^{20}Ca	59.62	54.43	4.02	25.95	18.37	89.21
^{16}S	23.63	2.48	4.19	12.21	5.20	5.87
^{15}P	9.00	6.94	-	33.04	9.20	4.92
^{19}K	7.75	32.61	13.63	28.80	-	-
^{14}Si	-	1.60	78.16	-	67.23	-
^{26}Fe	-	1.94	-	-	-	-

(다) 결론

이물은 단백질 및 탄수화물을 모두 함유하고 있고, 주성분이 원료가 함유하고 있는 성분에 모두 포함되며, 칼슘 옥살레이트로 추정되는 결정이 부분적으로 발견되는 것으로 볼 때, 주입 전 제거되지 못한 맥주의 혼탁으로 판단됨.

※ 참고

칼슘 옥살레이트(Calcium oxalate)는 무색·무취의 결정으로 물에 녹지 않는 성질을 갖고 있으며 화학식은 CaC_2O_4 이다. 칼슘 옥살레이트 결정을 제거하기 위해서 제조공정 중 과량의 칼슘이온을 첨가하여 분리하는데, 강한 산성 용액을 사용하여 빠르고 효과적으로 제거하기도 한다. 호프에서 용출된 칼슘이온이 효모들의 응집에도 기여하는 것으로 알려져 있다. 칼슘 옥살레이트를 광학 현미경으로 관찰하면 사각형에 십자무늬가 있는 특유의 형상을 볼 수 있다.

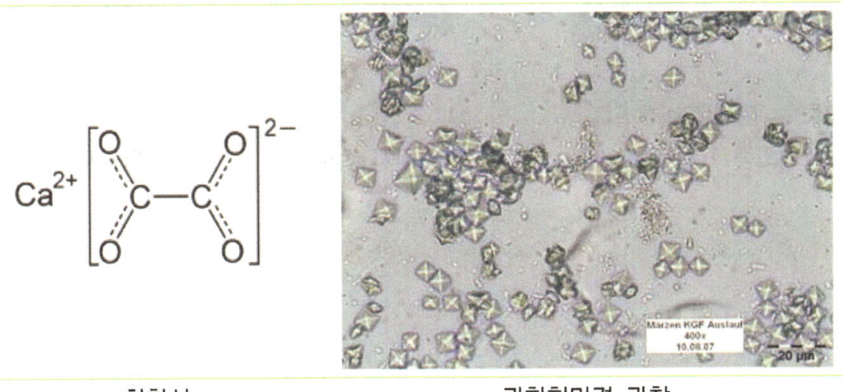

화학식	광학현미경 관찰

그림 90. 칼슘 옥살레이트 화학식과 광학현미경 관찰

* 출처: Norman G. Marriott, Principles of Food Sanitation, Second Edition, 1989, Van Nostrand Reinhold, New York, page 82-83, 285, 290 / BRAUWELT INTERNATIONAL STABILISATION KNOWLEDGE, 2011, III, page 115

15. 감자튀김 중 쥐 다리와 탄화물 판별

- 이물이 발견된 식품 : 감자튀김
- 대조품 : 쥐 털, 감자 껍질, 감자 가식부

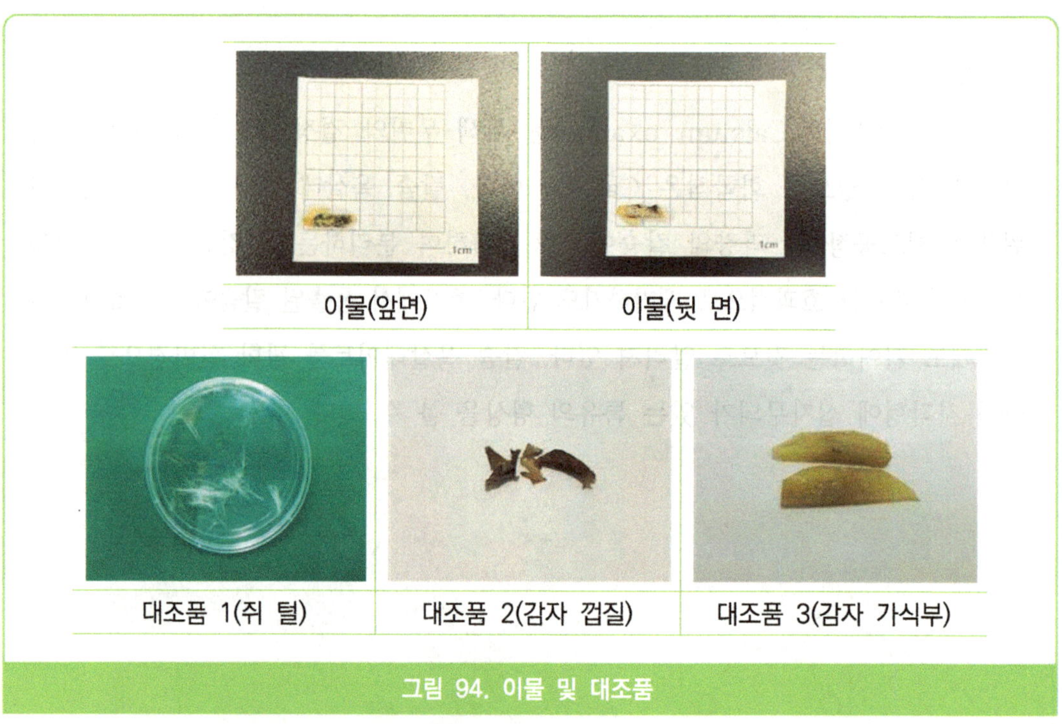

그림 94. 이물 및 대조품

(가) 실험방법

① 실체현미경과 광학현미경, 주사전자현미경을 이용하여 형태 및 빛의 투과 정도를 확인

표 44. 주사전자현미경 분석조건

Instrument	Condition
Resolution	5 mm (30 kV)
Magnification	×30 ~ ×100,000
Accaleration Voltage	5~30 kV
Detector	SE/BSE
Observation Mode	Standard mode
Electron Gun	Pre-centered tungsten filament cartridge

② FT-IR을 이용하여 시료에 적외선을 조사한 후 에너지의 흡수율을 측정하고 스펙트럼 패턴을 비교

표 45. FT-IR 분석조건

Instrument	Condition
Detector	DTGS ATR
Beam splitter	KBr
Range limit	400~4000 cm^{-1}
No. of scans	32
Resolution	4

③ XRF를 이용하여 X선을 조사한 시료에서 발생하는 형광 X선을 측정하여 무기성분의 조성을 분석

표 46. XRF 분석조건

Instrument	Condition
Acquisition Time	600 s
Process Time	3
XGT Diameter	10 ㎛
X-ray tube voltage	50 kV
Current	1,000 mA
Analysis object Range	^{11}Na ~ ^{92}U

(나) 실험결과

① 실체현미경을 이용하여 형태학적 분석을 진행한 결과, 이물은 검은색과 밝은 갈색으로 일정 부분 검은색을 띄고 있으며, 경계가 뚜렷하게 나타나지 않음. 이물의 검은색 부분과 밝은 갈색 부분의 표면에는 원형의 형태가 존재함. 이물의 표면에는 실 혹은 털 모양의 긴 형태가 존재하지 않으며 규칙적으로 움푹 들어간 모공의 형태가 존재하지 않음. 대조품 1의 경우 한 방향으로 긴 형태이지만, 검체와 대조품 2, 3에는 모두 표면에 유사한 원형의 형태가 존재함.

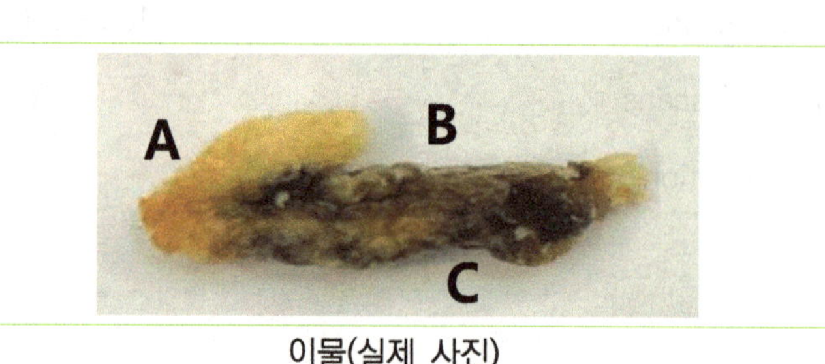

이물(실제 사진)

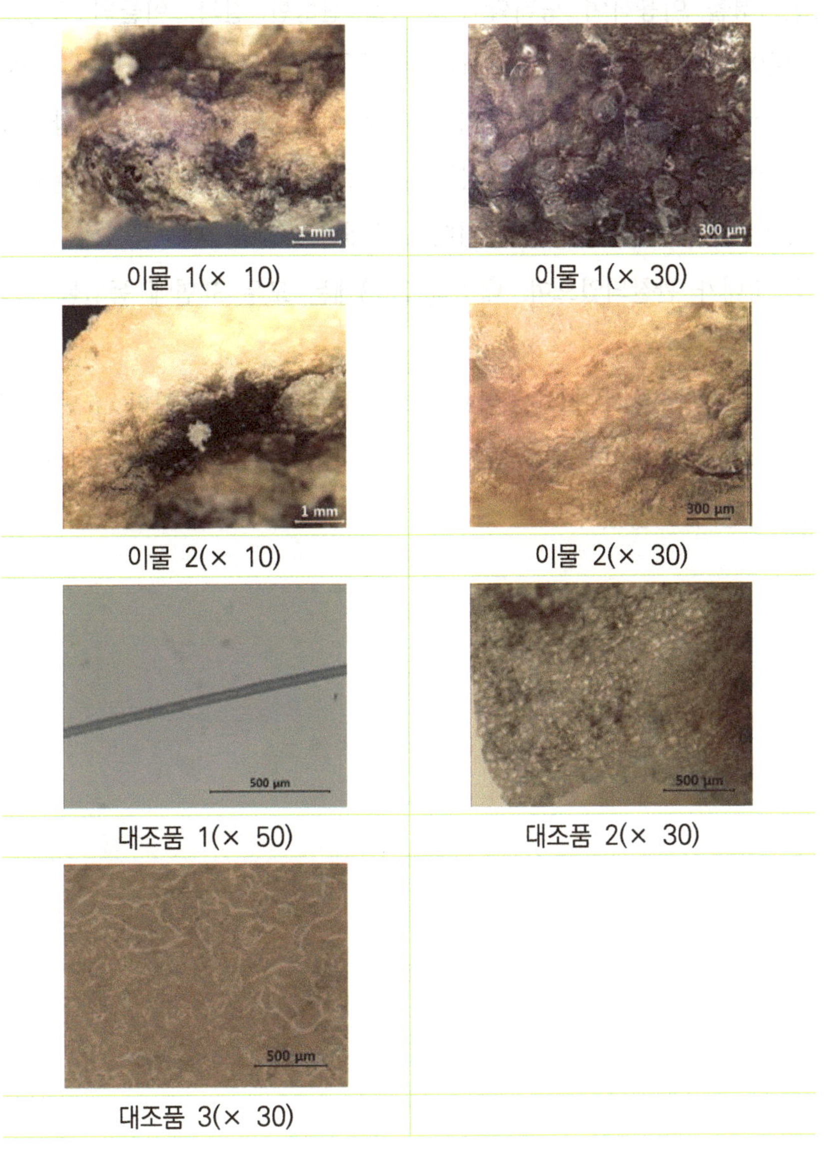

그림 95. 이물 및 대조품 실체현미경 관찰 결과

② 광학현미경을 이용하여 형태학적 분석을 진행한 결과, 이물의 중앙부는 두께가 있어 빛이 투과되진 않지만, 이물 중 검은색의 끝 부분은 빛이 투과됨. 이물의 검은색 부분과 밝은 갈색 부분의 표면에는 원형의 형태가 존재함. 이물 1, 2는 모두 빛이 투과되며 표면에는 실 혹은 털 모양의 긴 형태가 존재하지 않으며 규칙적으로 움푹 들어간 모공의 형태도 존재하지 않음. 대조품 1의 경우 사다리꼴의 모수질 형태가 관찰되었으며, 대조품 2, 3에는 모두 표면에 동일한 원형의 형태가 존재함.

③ 주사전자현미경 분석 결과, 이물 1과 이물 2의 불규칙한 표면의 원형형태가 대조품 2와 유사한 양상을 보였으며, 대조품 1과 같은 얇고 긴 사다리꼴의 모표피 형태는 발견되지 않았다.

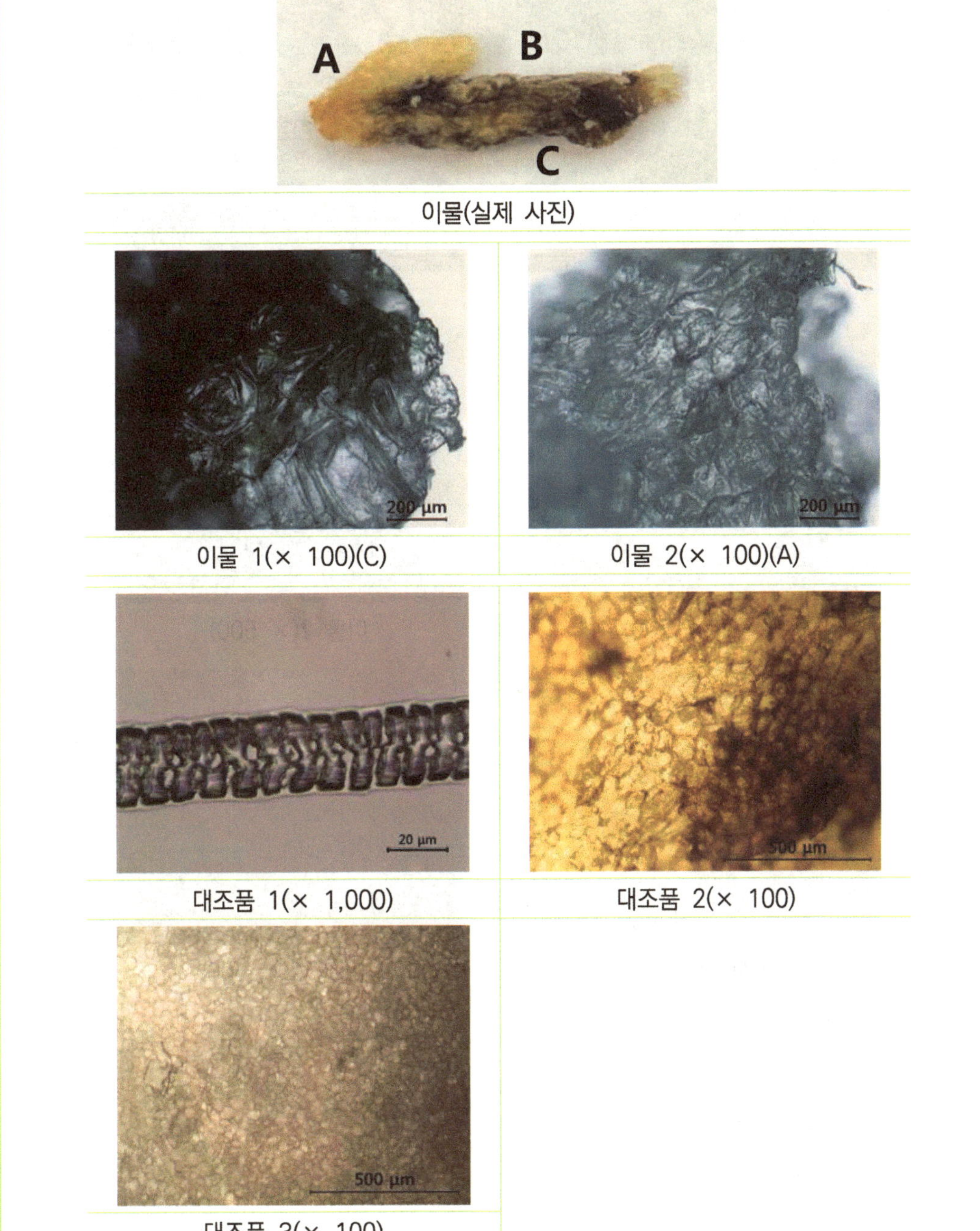

이물(실제 사진)

이물 1(× 100)(C)

이물 2(× 100)(A)

대조품 1(× 1,000)

대조품 2(× 100)

대조품 3(× 100)

그림 96. 이물 및 대조품 광학현미경 관찰 결과

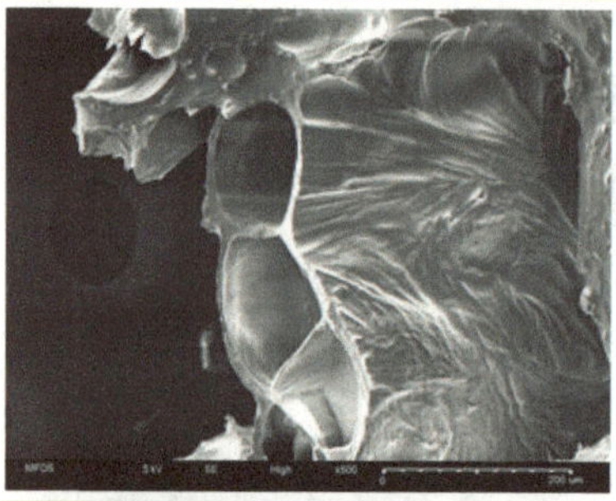

이물 1(× 500)	이물 1(× 500)
이물 2(× 500)	이물 2(× 500)
대조품 1(× 500)	대조품 2(× 500)
대조품 3(× 500)	

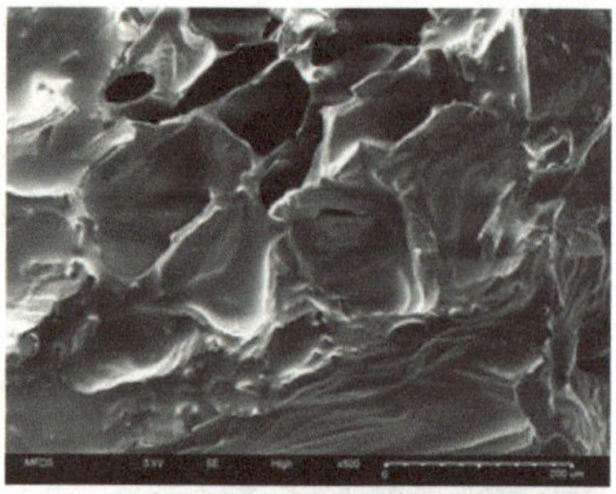

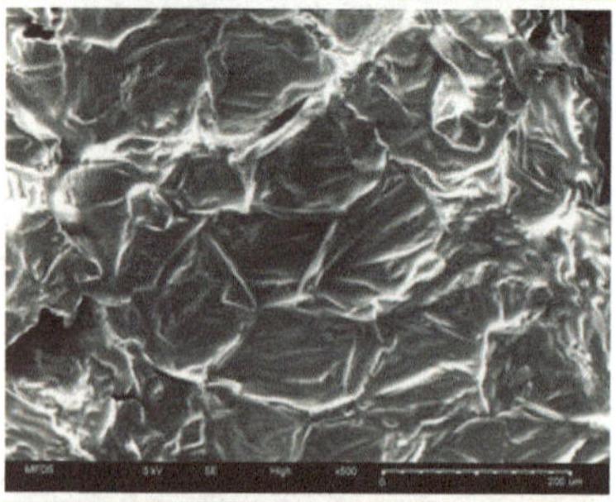

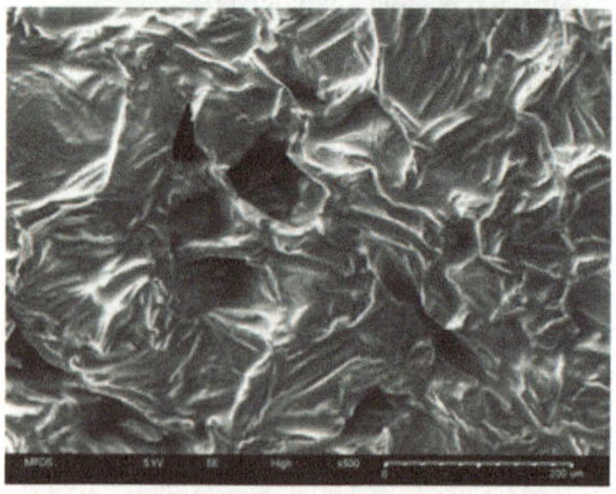

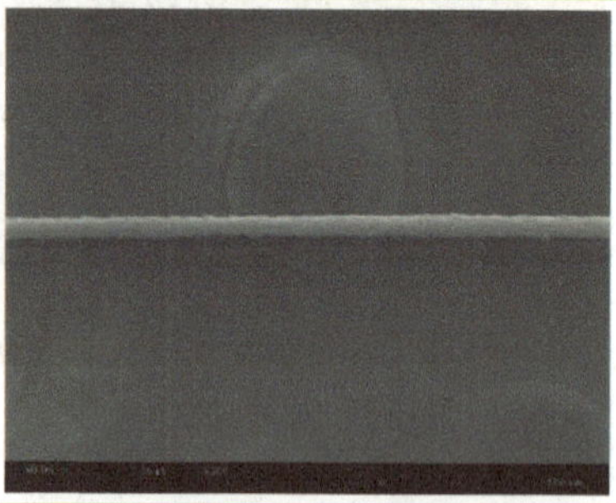

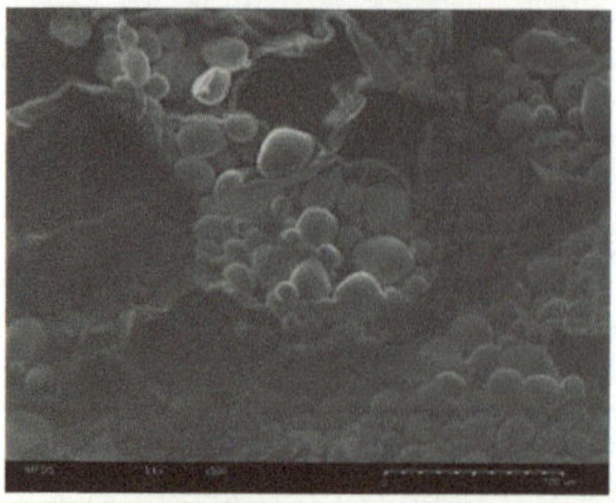

그림 97. 이물 및 대조품 주사전자현미경 관찰 결과

④ 이물 1과 이물 2의 적외선 분광광도계 결과, -OH(3400-3200 cm^{-1}), C-H (300-2850 cm^{-1}), C=O(1743, 1626 cm^{-1}), C-O(1018 cm^{-1})로 감자와 유사한 peak를 나타냄. 대조품 1은 -OH(3400-3200 cm^{-1}), C-H(2900 cm^{-1}), C=O (1650 cm^{-1}), C-N(1500 cm^{-1}), O=C-N(1220 cm^{-1})로 동물털과 유사한 peak를 나타냈으며, 대조품 2와 3은 -OH(3400-3200 cm^{-1}), C-H(3000-2850 cm^{-1}), C=O(1743, 1626 cm^{-1}), C-O(1018 cm^{-1})로 감자와 유사한 peak를 나타냄.

	적외선 분광계 스펙트럼
이물	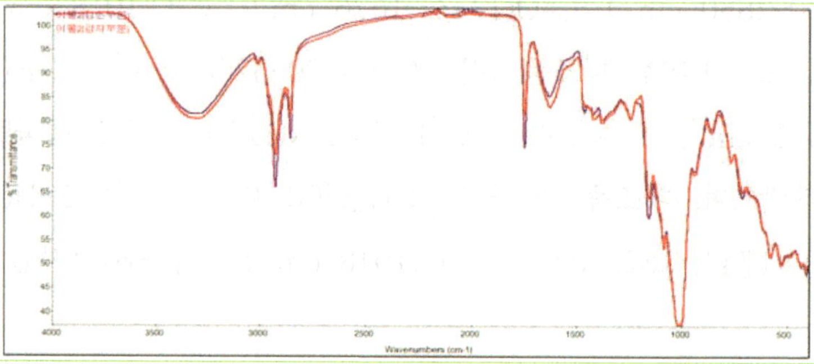
대조품 1	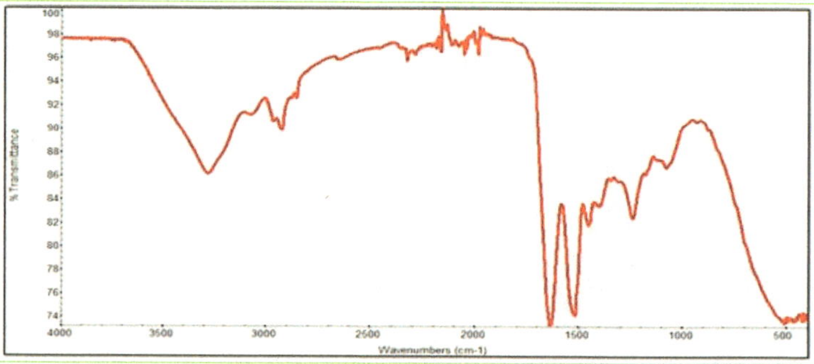
대조품 2	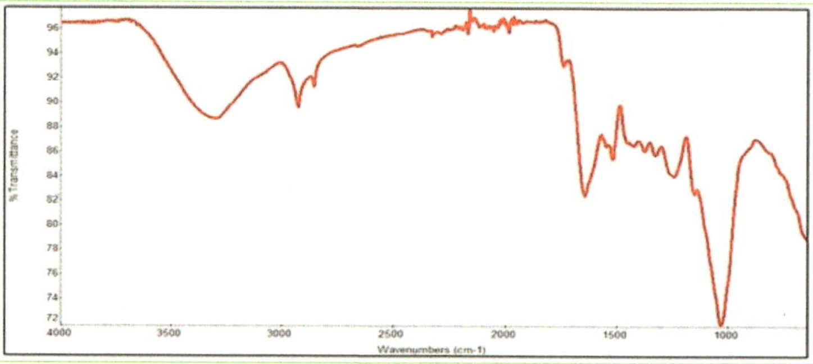
대조품 3	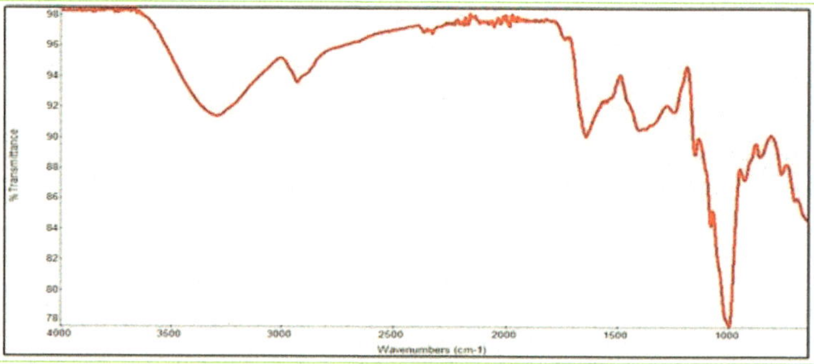

그림 98. FT-IR을 이용한 유기성분 분석 결과

⑤ X선을 투과시켜 이물을 관찰하였을 때, 주요 원소는 칼륨(K)과 칼슘(Ca)이며 미량원소로 인(P), 염소(Cl), 황(S)이 함유되어 있었음. 대조품 1은 황(S)만 검출되었지만, 대조품 2는 이물과 유사한 무기성분이 검출되었으며, 대조품 3은 칼륨(K)과 칼슘(Ca)이 주성분이며, 인(P)과 황(S)이 미량원소로 검출되었음.

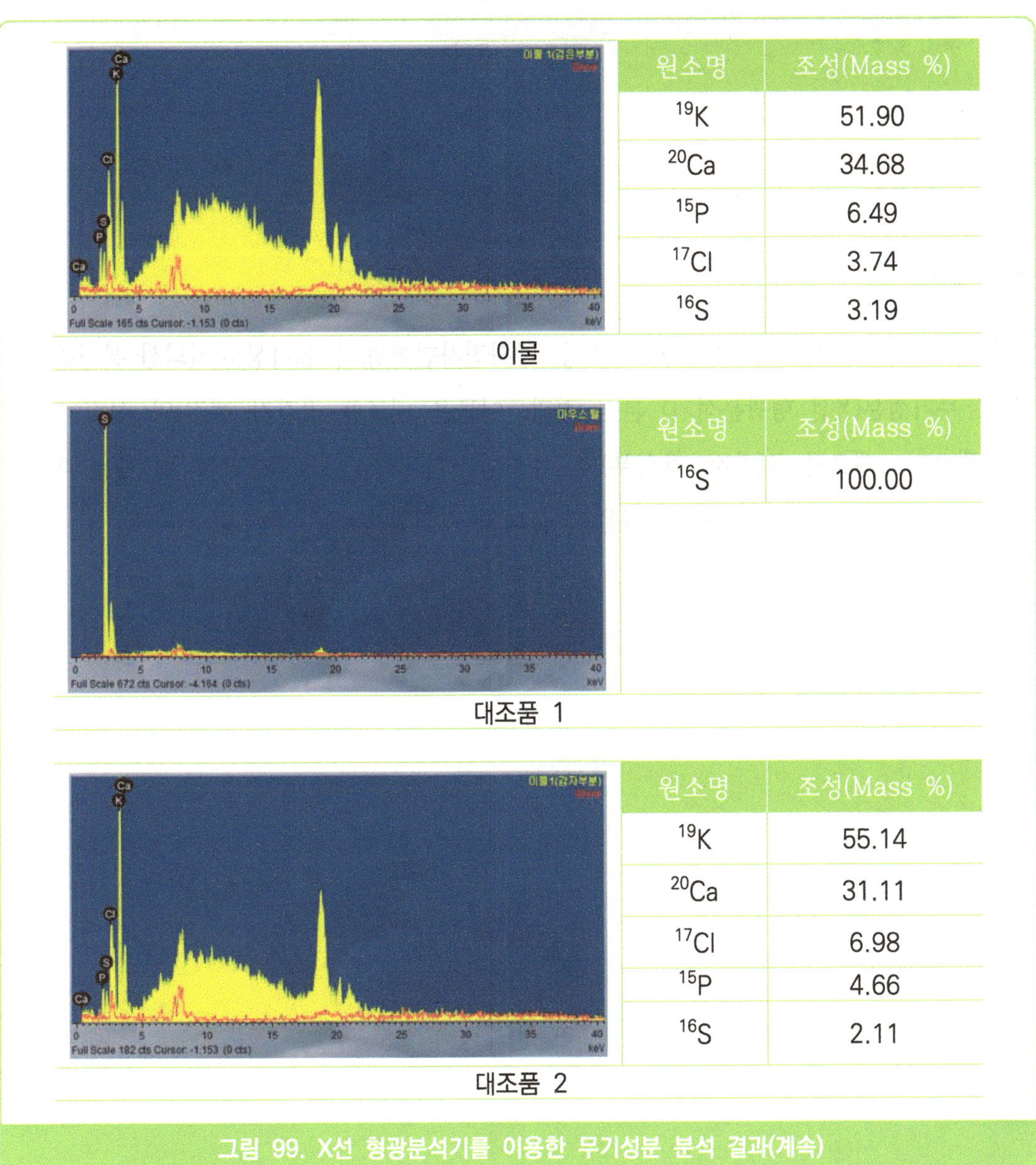

원소명	조성(Mass %)
^{19}K	51.90
^{20}Ca	34.68
^{15}P	6.49
^{17}Cl	3.74
^{16}S	3.19

이물

원소명	조성(Mass %)
^{16}S	100.00

대조품 1

원소명	조성(Mass %)
^{19}K	55.14
^{20}Ca	31.11
^{17}Cl	6.98
^{15}P	4.66
^{16}S	2.11

대조품 2

그림 99. X선 형광분석기를 이용한 무기성분 분석 결과(계속)

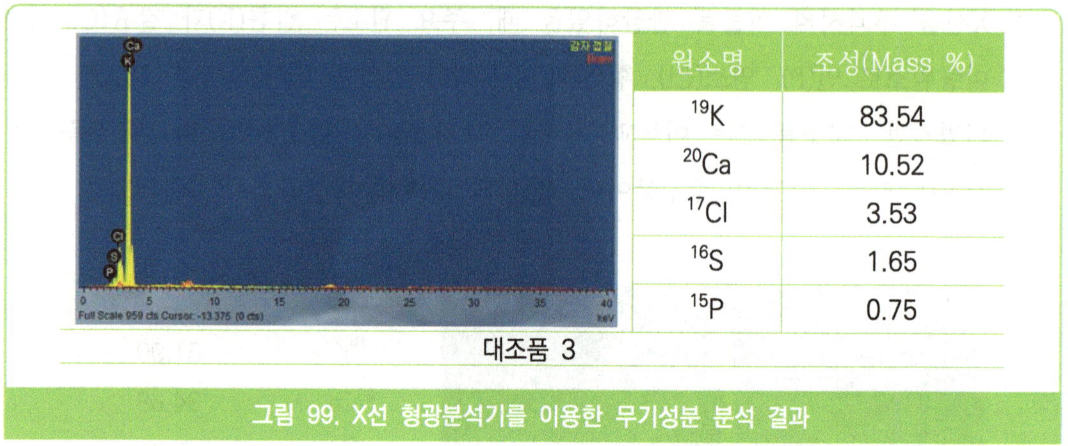

원소명	조성(Mass %)
^{19}K	83.54
^{20}Ca	10.52
^{17}Cl	3.53
^{16}S	1.65
^{15}P	0.75

대조품 3

그림 99. X선 형광분석기를 이용한 무기성분 분석 결과

(다) 결론

형태학적 분석(실체 현미경, 광학현미경, 주사전자현미경)과 유기성분(적외선 분광광도계) 분석, 무기성분(X선 형광분석기) 분석 결과, 이물은 대조품 2(감자 껍질)와 성질이 매우 유사했으며, 대조품 3(감자 가식부)와 유사함. 하지만, 대조품 1(쥐 털)과는 차이가 있었으며, 대조품 1과 유사한 물질은 검출되지 않았음.

16. 김치 중 광물성 물질(돌) 판별

- 이물이 발견된 식품 : 김치
- 대조품 : 아말감, 돌

(가) 실험방법

① 실체 현미경을 이용하여 형상을 관찰.

② X선을 시료에 조사할 때 방출하는 형광 X선을 검출하여 무기성분의 조성을 분석하고 주요성분 분포를 분석.

표 47. XRF 분석조건

Instrument	Condition
Acquisition Time	400 s
Process Time	4
XGT Diameter	10 ㎛
X-ray tube voltage	50 kV
Current	1,000 mA
Analysis object Range	^{11}Na ~ ^{92}U

(나) 실험결과

① 이물과 대조품 2는 회색과 백색이 혼합되어 있는 색상을 가지고 있음.

이물

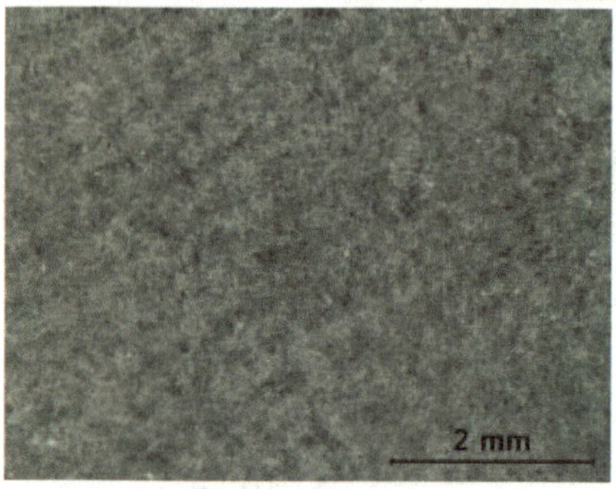

대조품 1(아말감)

대조품 2(돌)

그림 100. 이물 및 대조품 현미경 관찰 결과

② X선을 투과시켜 이물 내부를 관찰하였을 때 이물은 대조품 2와 주성분이 유사함.

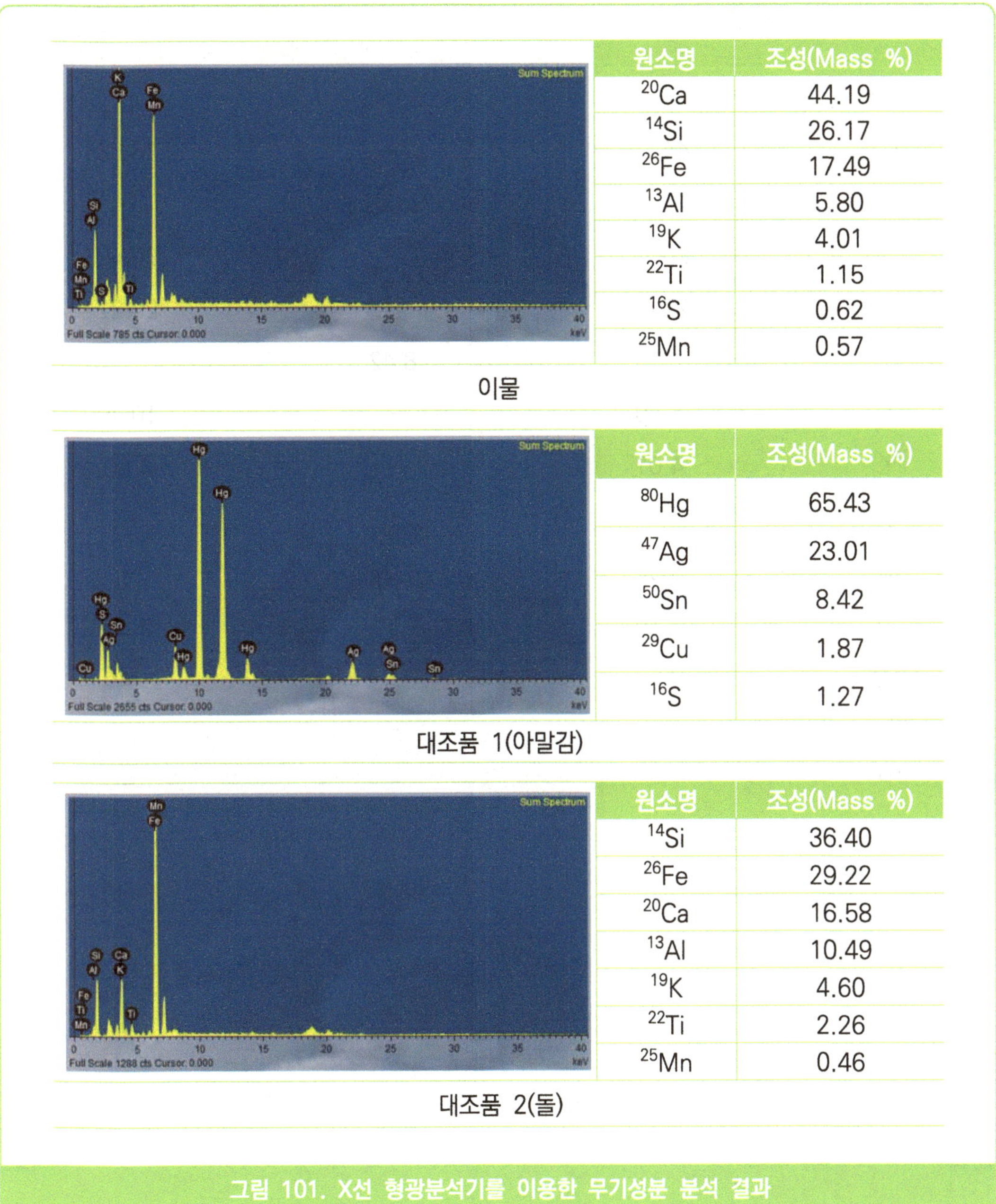

원소명	조성(Mass %)
^{20}Ca	44.19
^{14}Si	26.17
^{26}Fe	17.49
^{13}Al	5.80
^{19}K	4.01
^{22}Ti	1.15
^{16}S	0.62
^{25}Mn	0.57

이물

원소명	조성(Mass %)
^{80}Hg	65.43
^{47}Ag	23.01
^{50}Sn	8.42
^{29}Cu	1.87
^{16}S	1.27

대조품 1(아말감)

원소명	조성(Mass %)
^{14}Si	36.40
^{26}Fe	29.22
^{20}Ca	16.58
^{13}Al	10.49
^{19}K	4.60
^{22}Ti	2.26
^{25}Mn	0.46

대조품 2(돌)

그림 101. X선 형광분석기를 이용한 무기성분 분석 결과

표 48. 검체 및 대조품 무기성분 조성 비교 (단위 : mass %)

원소명	이물	대조품 1 (아말감)	대조품 2 (돌)
^{80}Hg	-	65.43	-
^{20}Ca	44.19	-	16.58
^{47}Ag	-	23.01	-
^{14}Si	26.17	-	36.40
^{26}Fe	17.49	-	29.22
^{50}Sn	-	8.42	-
^{13}Al	5.80	-	10.49
^{19}K	4.01	-	4.60
^{29}Cu	-	1.87	-
^{16}S	0.62	1.27	-
^{22}Ti	1.15	-	2.26
^{25}Mn	0.57	-	0.46
^{30}Zn	-	-	-
^{15}P	-	-	-

(다) 결론

이물은 주성분이 칼슘(Ca), 규소(Si), 철(Fe)인 돌의 일종으로 추정됨.

※ 참고

토양광물(土壤鑛物, Soil Minerals)은 암석이나 토양의 구성단위로서 무생물계를 대표한다. 토양구성단위인 광물은 지각구성의 단위이고, 주어진 조건에 안정된 물리·화학계의 하나의 상(相, phase)으로 균질물질이다. 이에 대하여 암석은 전체적으로 볼 때 불균질하다. 즉 암석은 여러 종류의 광물집합체이기 때문이다. 지각은 95%가 화성암이고, 퇴적암과 변성암은 단지 5%에 불과하다. 그러나 지표에 노출된 암석의 분포면적은 지표의 75%가 퇴적암으로 되어 있다.

면적별 주요 암석의 분포순서는 셰일, 사암, 화강암, 석회암, 현무암 등이다. 지표에서 풍화에 의하여 나타나는 광물의 비율은 장석, 석영, 점토광물과 운모, 석회석, 철산화물 등이다. 지각을 구성하는 중요한 원소는 산소, 규소, 알루미늄, 철, 마그네슘, 칼슘, 나트륨, 칼륨 등의 8종이다. 이것들은 각각 1% 이상을 차지하므로 지각을 구성하는 8대 원소라고 한다.

지구 상에 분포하는 원소들이 여러 상태로 결합하여 수많은 종류의 광물들이 생성된다. 마그마가 냉각되어 생성된 광물로 암석에서 분리된 후 큰 변화가 없었던 대형의 무수물을 1차 광물(primary minerals)이라 하고 조암광물이 변성작용 또는 풍화작용에 의하여 변질되거나 새로이 생성된 광물로 1차 광물이 재합성된 광물을 2차 광물(secondary minerals)이라 한다.

〈출처 : 자연지리학사전, 한국지리정보연구회, 2006. 5. 25〉

17. 소주 중 광물성 물질(모래) 판별

- 이물이 발견된 식품 : 소주
- 대조품 : 담뱃재, 흙 1, 흙 2, 흙 3

  * 이물이 발견된 제품과 동일한 소주를 가하고 24시간동안 방치한 후 원심분리하여 침전물을 대조품으로 함

(가) 실험방법

① 이물이 혼입되어 있는 제품(소주)과 전처리한 대조품을 원심분리하여 침전물을 대조품으로 함.

② 육안, 실체, 광학 및 전자주사 현미경을 이용하여 시료의 형상을 관찰.

③ FT-IR을 이용하여 시료에 적외선을 조사한 후 에너지의 흡수율을 측정하고 스펙트럼 패턴을 비교.

표 49. FT-IR 분석조건

Instrument	Condition
Detector	DTGS ATR
Beam splitter	KBr
Range limit	400~4000 cm^{-1}
No. of scans	32
Resolution	4

④ XRF를 이용하여 X선을 조사한 시료에서 발생하는 형광 X선을 측정하여 무기성분의 조성을 분석.

표 50. XRF 분석조건

Instrument	Condition
Acquisition Time	300 s
Process Time	6
XGT Diameter	10 ㎛
X-ray tube voltage	50 kV
Current	1,000 mA
Analysis object Range	^{11}Na ~ ^{92}U

(나) 실험결과

① 외관검사 결과 이물은 크기가 일정하지 않고 다양한 형태와 색상을 가진 알갱이로 이루어져 있으며, 빛을 투과시키는 알갱이와 투과시키지 않는 알갱이가 혼합되어 있음. 또한, 여러 층으로 이루어진 거친 표면에 형태 및 크기가 다양한 입자가 부착되어 있음. 대조품 중 흙은 검체와 유사한 형태학적 특성을 보이나, 담뱃재는 검체와 다른 형상을 가지고 있음.

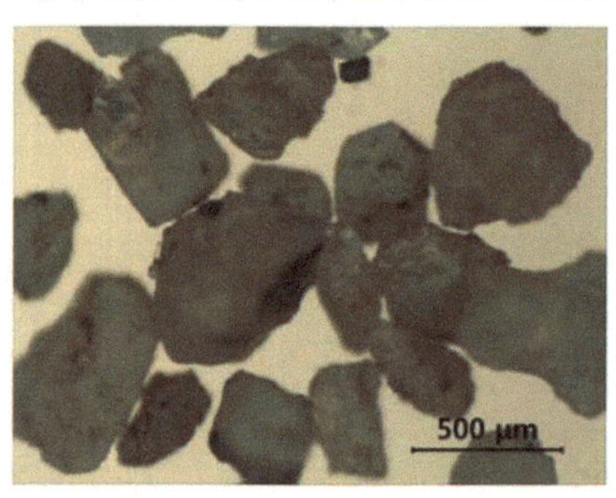

이물

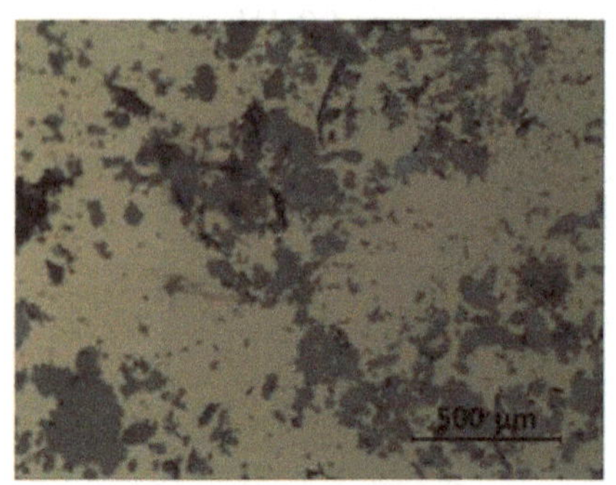

대조품 1(담뱃재)

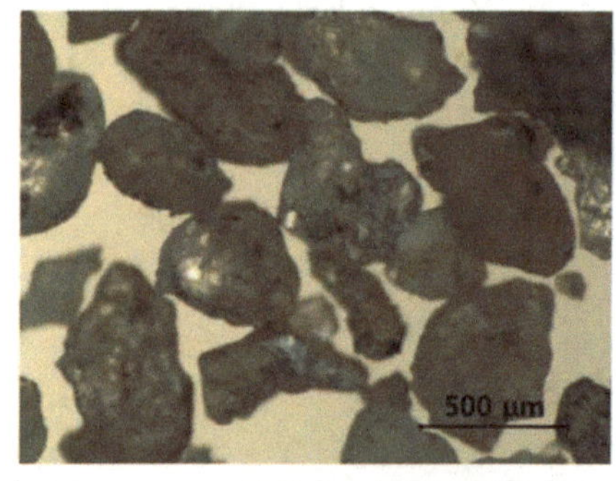

대조품 2(흙 1)

대조품 3(흙 2)

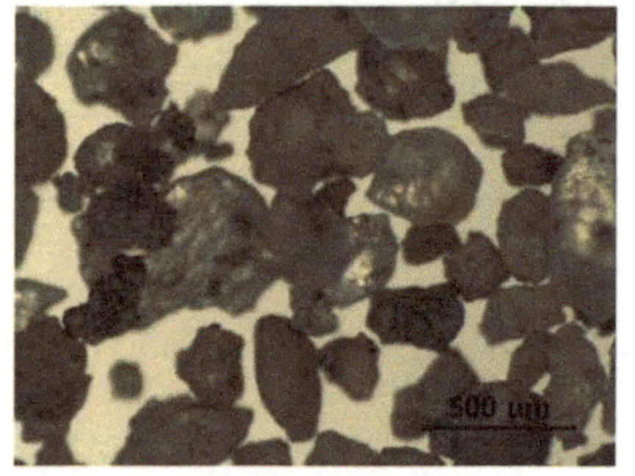

대조품 4(흙 3)

그림 102. 실체현미경 관찰 결과

이물

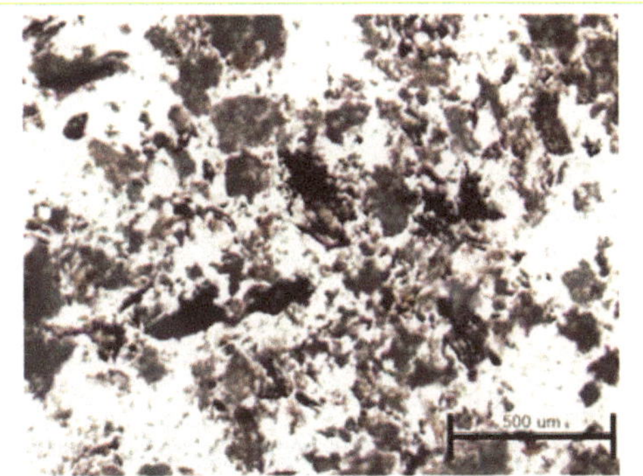

대조품 1(담뱃재)

대조품 2(흙 1)

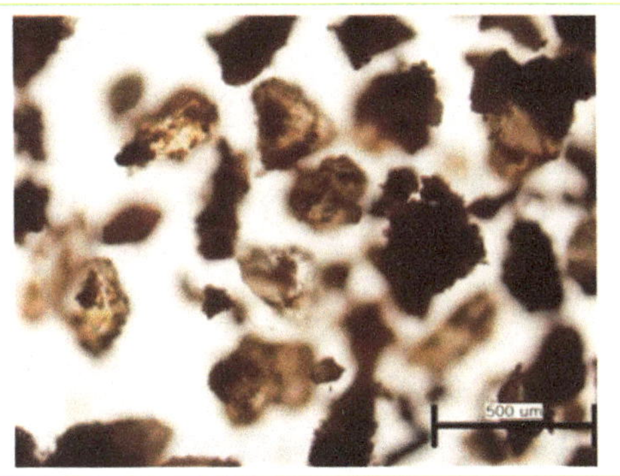

대조품 3(흙 2)

대조품 4(흙 3)

그림 103. 광학현미경 관찰 결과

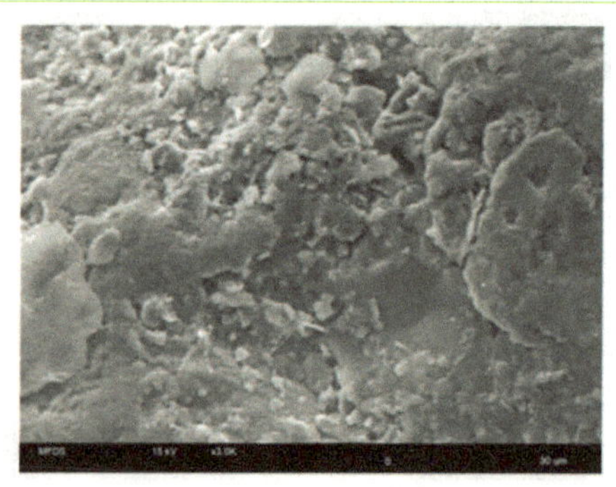

이물

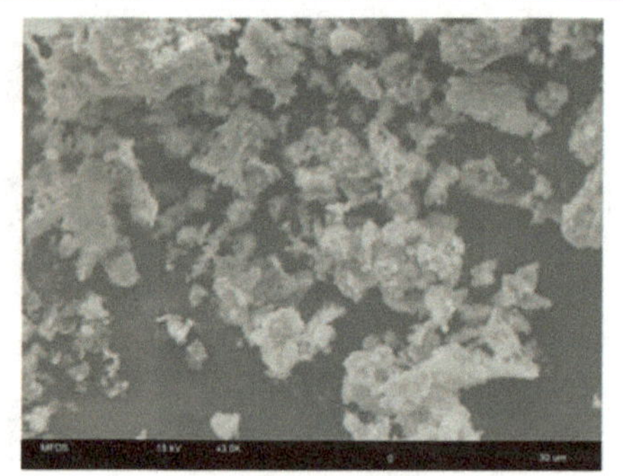	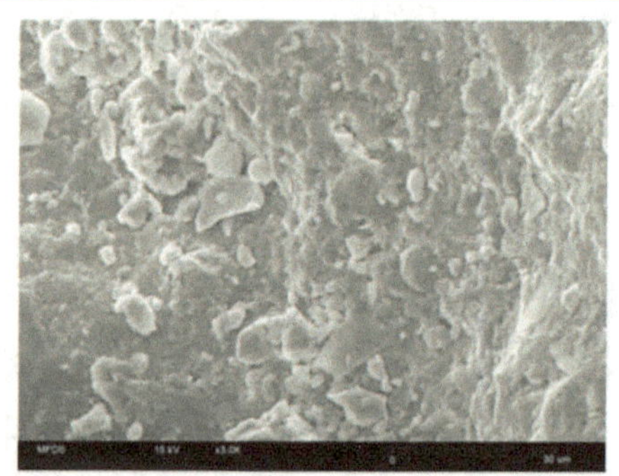
대조품 1(담뱃재)	대조품 2(흙 1)
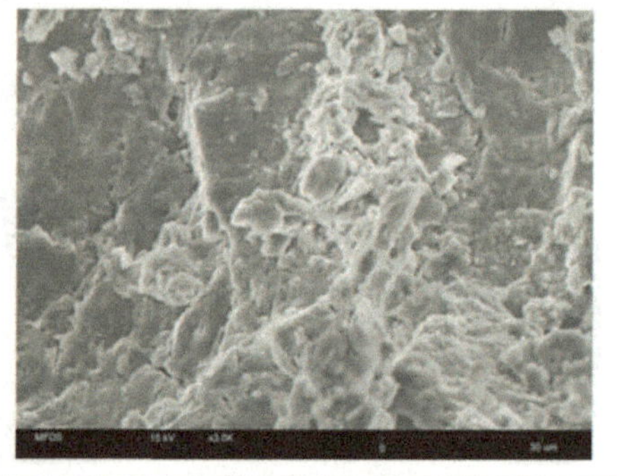	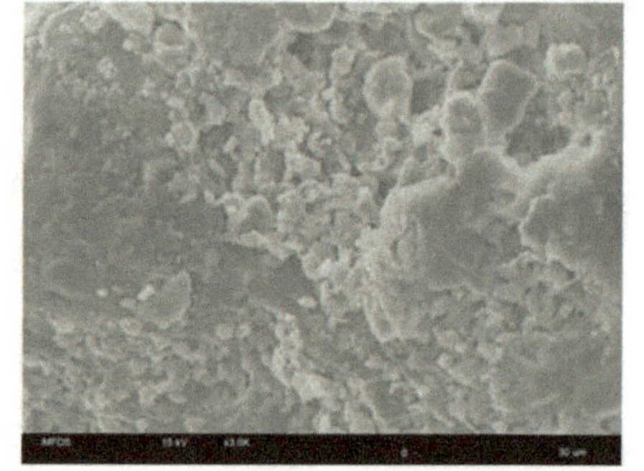
대조품 3(흙 2)	대조품 4(흙 3)

그림 104. 주사전자현미경 관찰 결과

② 적외선 분광광도계 분석 결과 이물과 대조품은 각기 다른 스펙트럼 패턴을 나타내는 것으로 볼 때 동일한 유기성 물질로 구성되어 있다고 볼 수 없음.

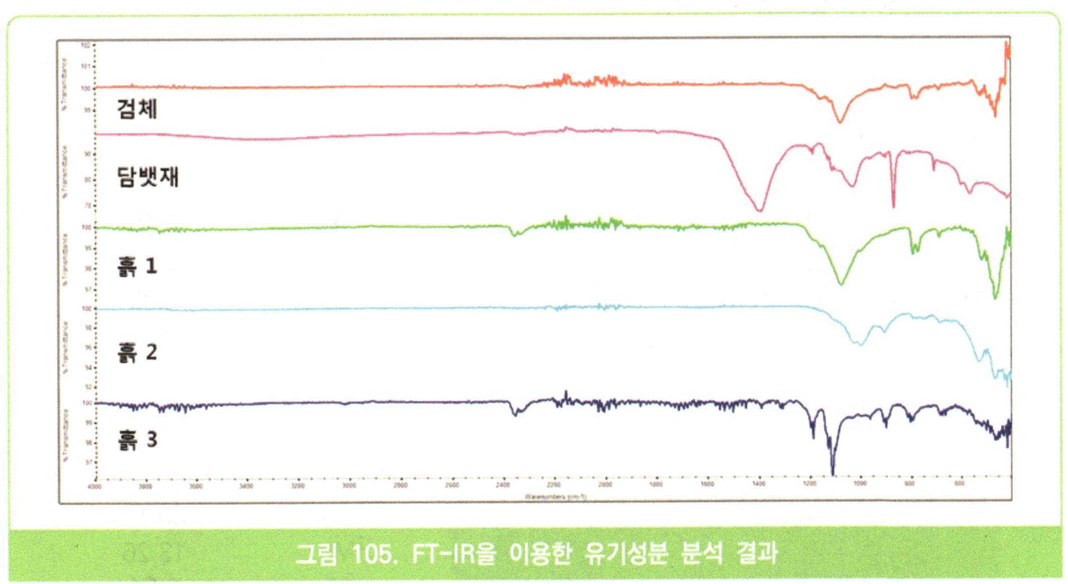

그림 105. FT-IR을 이용한 유기성분 분석 결과

③ X선 형광분석기 분석 결과 이물은 주성분이 규소(Si), 칼륨(K), 알루미늄(Al), 철(Fe)로 흙과 유사하지만, 칼슘(Ca), 마그네슘(Mg), 인(P)이 주성분인 담뱃재와는 다른 물질인 것으로 판단됨.

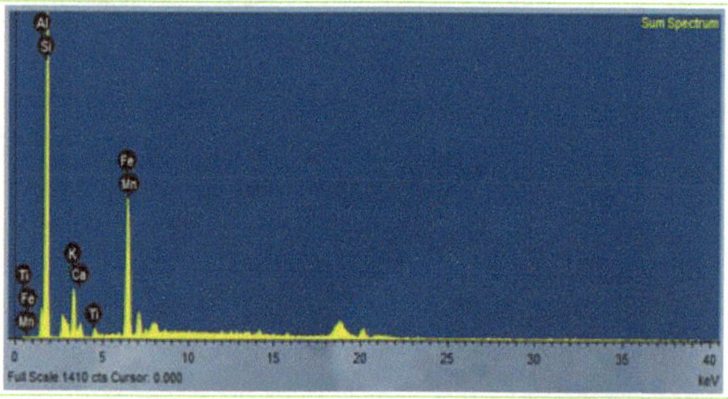

원소명	조성(Mass %)
^{14}Si	73.64
^{19}K	9.37
^{13}Al	8.18
^{26}Fe	5.63
^{20}Ca	2.35
^{22}Ti	0.64
^{25}Mn	0.18

이물

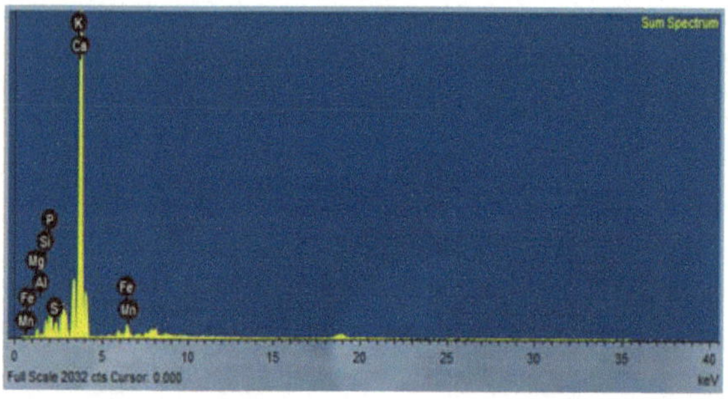

원소명	조성(Mass %)
^{20}Ca	60.16
^{12}Mg	13.26
^{19}K	9.54
^{15}P	6.64
^{14}Si	5.86
^{13}Al	1.67
^{16}S	1.36
^{26}Fe	0.94
^{25}Mn	0.57

대조품 1(담뱃재)

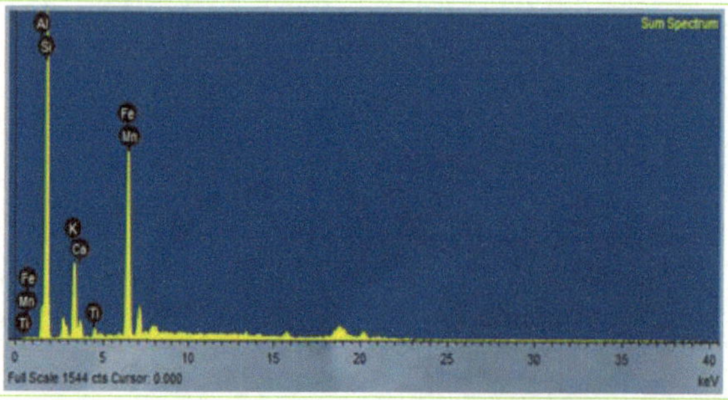

원소명	조성(Mass %)
^{14}Si	66.53
^{19}K	14.02
^{13}Al	8.92
^{26}Fe	7.33
^{20}Ca	2.34
^{22}Ti	0.68
^{25}Mn	0.18

대조품 2(흙 1)

그림 106. X선 형광분석기를 이용한 무기성분 분석 결과(계속)

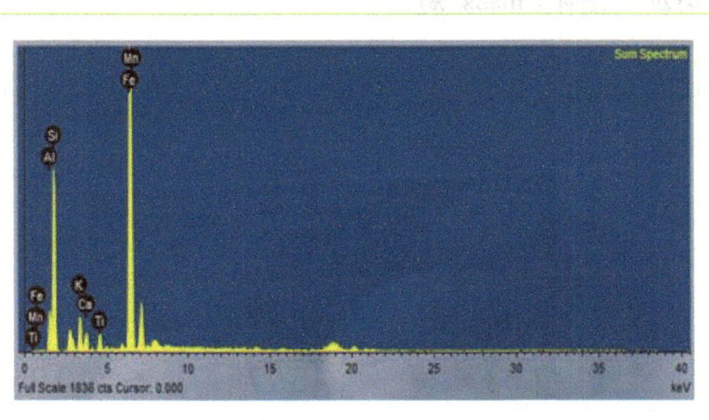

원소명	조성(Mass %)
^{14}Si	56.60
^{13}Al	15.76
^{26}Fe	15.17
^{19}K	7.49
^{20}Ca	3.06
^{22}Ti	1.75
^{25}Mn	0.18

대조품 3(흙 2)

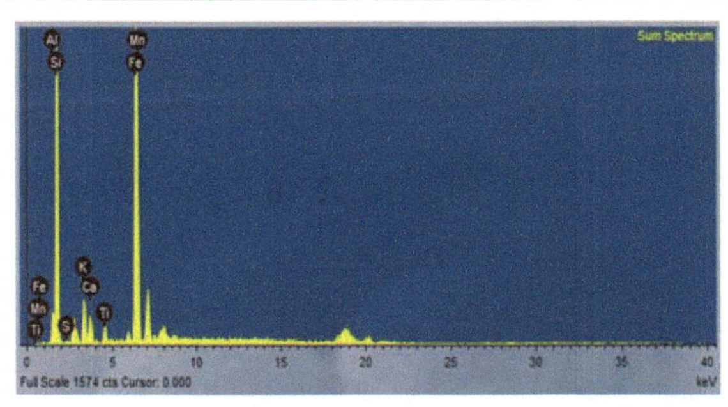

원소명	조성(Mass %)
^{14}Si	65.07
^{26}Fe	12.35
^{13}Al	9.45
^{19}K	7.52
^{20}Ca	3.44
^{22}Ti	1.35
^{16}S	0.42
^{25}Mn	0.40

대조품 4(흙 3)

그림 106. X선 형광분석기를 이용한 무기성분 분석 결과

표 51. 이물 및 대조품 무기성분 조성 비교 (단위 : mass %)

원소명	이물	대조품 1 (담뱃재)	대조품 2 (흙 1)	대조품 3 (흙 2)	대조품 4 (흙 3)
^{14}Si	73.64	5.86	66.53	56.60	65.07
^{19}K	9.37	9.54	14.02	7.49	7.52
^{13}Al	8.18	1.67	8.92	15.76	9.45
^{26}Fe	5.63	0.94	7.33	15.17	12.35
^{20}Ca	2.35	60.16	2.34	3.06	3.44
^{12}Mg	-	13.26	-	-	-
^{15}P	-	6.64	-	-	-
^{22}Ti	0.64	-	0.68	1.75	1.35
^{25}Mn	0.18	0.57	0.18	0.18	0.40
^{16}S	-	1.36	-	-	0.42

(다) 결론

이물은 형태학적 특성, 주성분 및 그 조성을 볼 때 흙과 유사하며 담뱃재와는 다른 물질로 추정됨.

제3장 식품 유전·이물 정보 서비스

제1장 식품 중 이물 분석법

식품 유전·이물 정보 서비스는 이물 분석 실무담당자들의 업무 부담을 줄이고 보다 신속·정확한 이물 동정을 위한 서비스로, 대조품 선정부터 이물과 대조품의 동일성 여부를 쉽게 파악할 수 있도록 구성되었다. 과거 매뉴얼에 포함된 데이터베이스뿐만 아니라, 지속적인 업데이트를 통해 다양한 이물 분석 결과 데이터베이스를 구축할 예정이다.

데이터베이스는 동물성, 식물성, 광물성 이물로 구분되어 있으며, 각 그룹 안에서 이물로 오인되거나 발견될 가능성이 있는 이물을 포함하고 있다. 실체 현미경, 광학 현미경, 주사 전자 현미경, 적외선 분광광도계, X선 형광분석기, 유전자 분석 등이 포함되어 있으며, 형태학적 분석의 경우 다양한 배율에 따른 결과를 제공하여 이물 담당자가 보유한 현미경에 따른 렌즈 배율을 선택하여 비교할 수 있도록 구성되었다.

또한, 이물 분석 실무담당자의 잦은 교체, 짧은 업무 담당 주기 등을 고려하여 이물 분석을 처음 접하는 신규 담당자도 쉽게 대조품을 선정하고 신고 이물과 비교·분석할 수 있도록 '이물 길라잡이' 기능 등을 제공한다. 데이터베이스의 검색 기능도 활성화하여 대조품의 분석 결과를 간편하게 접근할 수 있도록 구축되었다.

식품 유전·이물 정보 서비스는 식의약 데이터 포털(http://data.mfds.go.kr/fge)에서 이용이 가능하며, 사용자의 분석 결과와 데이터베이스 비교를 위해 분석 결과를 다운로드하여 사용할 수 있다(워터마크 포함).

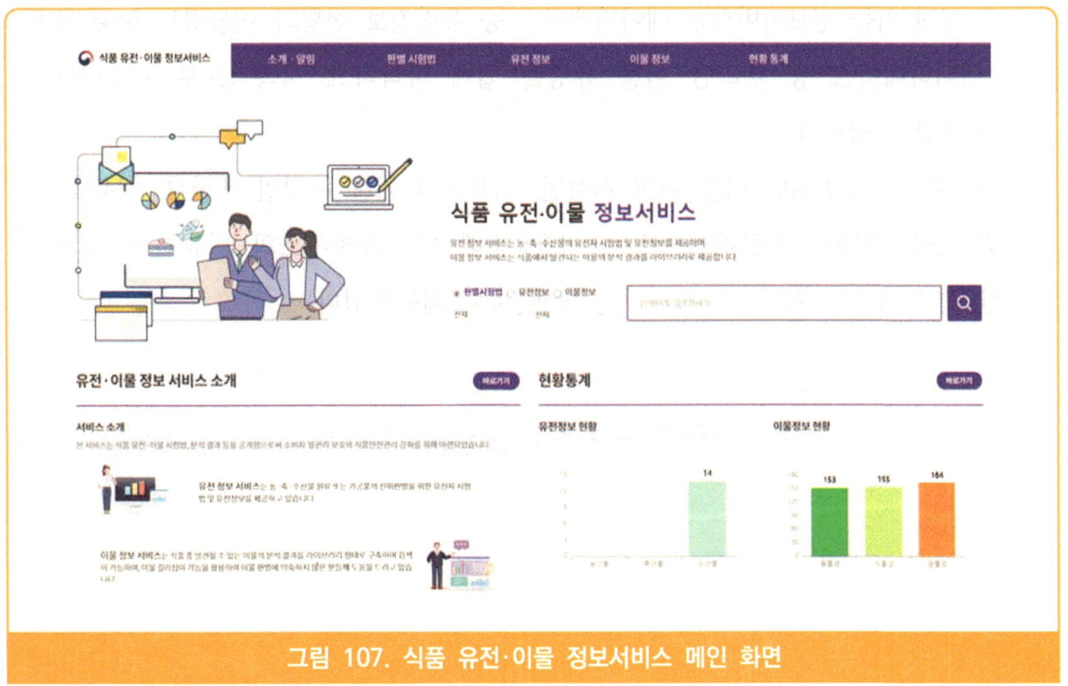

그림 107. 식품 유전·이물 정보서비스 메인 화면

식품 유전·이물 정보서비스는 데이터베이스 중 유전정보 현황과 이물정보 현황 통계를 통해 데이터베이스 중 부족한 이물 유형을 쉽게 파악하고 지속적으로 업데이트하여 보완해 나갈 예정이다.

또한, 책자로 제공되던 이물 판별 시험법, 식품공전 이물 시험법 해설서, 식품별 이물 분석법 등을 추가로 제공하여 기기분석을 통해 데이터베이스와 비교하는 시험법을 포함한 식품 중 이물을 분리·정제하는 방법 등도 제공하였다.

그림 108. 식품 유전·이물 정보서비스 중 이물 판별사례 검색

식품 중 이물이 검출되어 판별한 사례들을 제공하여 다빈도 발생 이물 관리에 도움이 되고자 하였다.

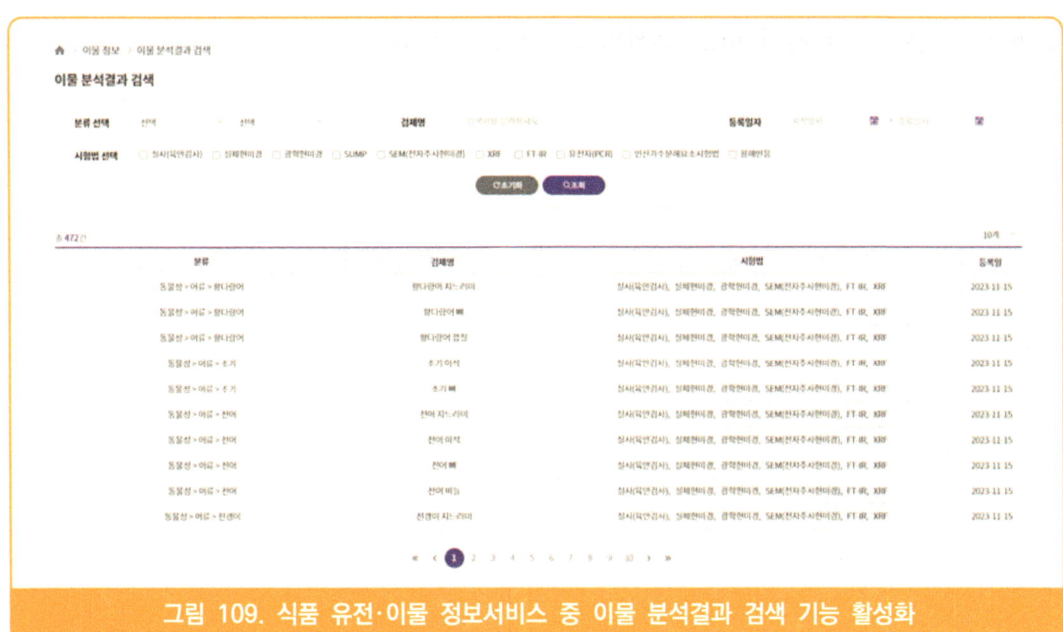

그림 109. 식품 유전·이물 정보서비스 중 이물 분석결과 검색 기능 활성화

그림 110. 식품 유전·이물 정보서비스 중 이물 분석 데이터 결과(예시)

기존의 책자로 제공되었던 이물 데이터베이스는 책자의 한계로 다양한 대조품과의 시험 결과를 비교하기에 어려운 실정이었다. 따라서, 본 식품 유전·이물 정보 서비스에서는 검색을 통해 원하는 정보를 쉽게 찾을 수 있으며, 데이터를 따로 저장할 수 있어 이물 분석 실무자의 비교·분석의 편의성을 높였다.

그림 111. 식품 유전·이물 정보서비스 중 이물 분석 길라잡이-이물 유형 및 종류 구분

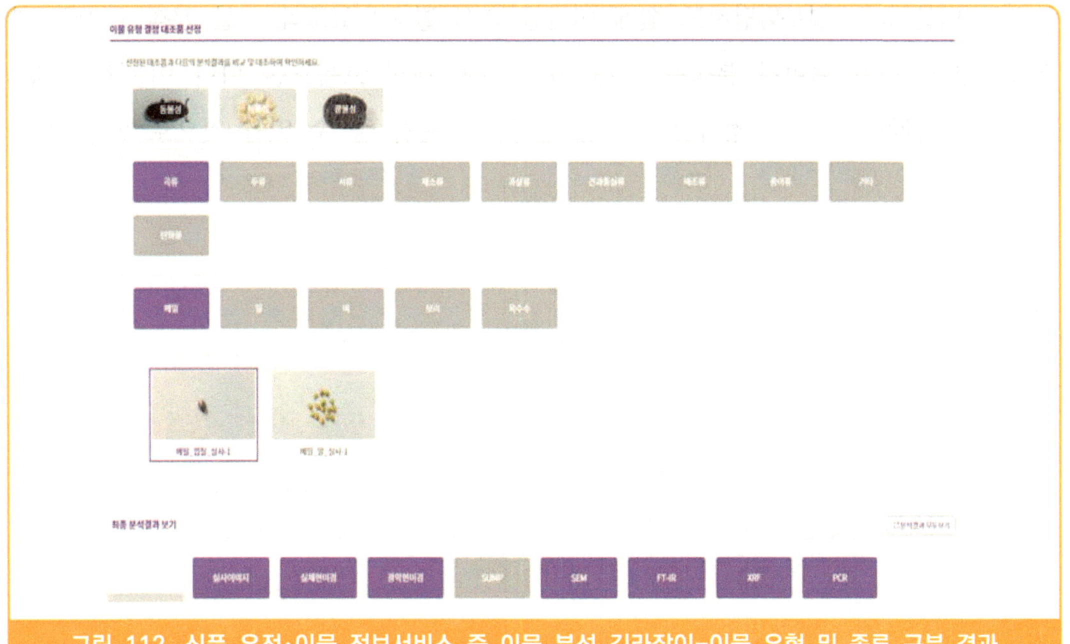

그림 112. 식품 유전·이물 정보서비스 중 이물 분석 길라잡이-이물 유형 및 종류 구분 결과

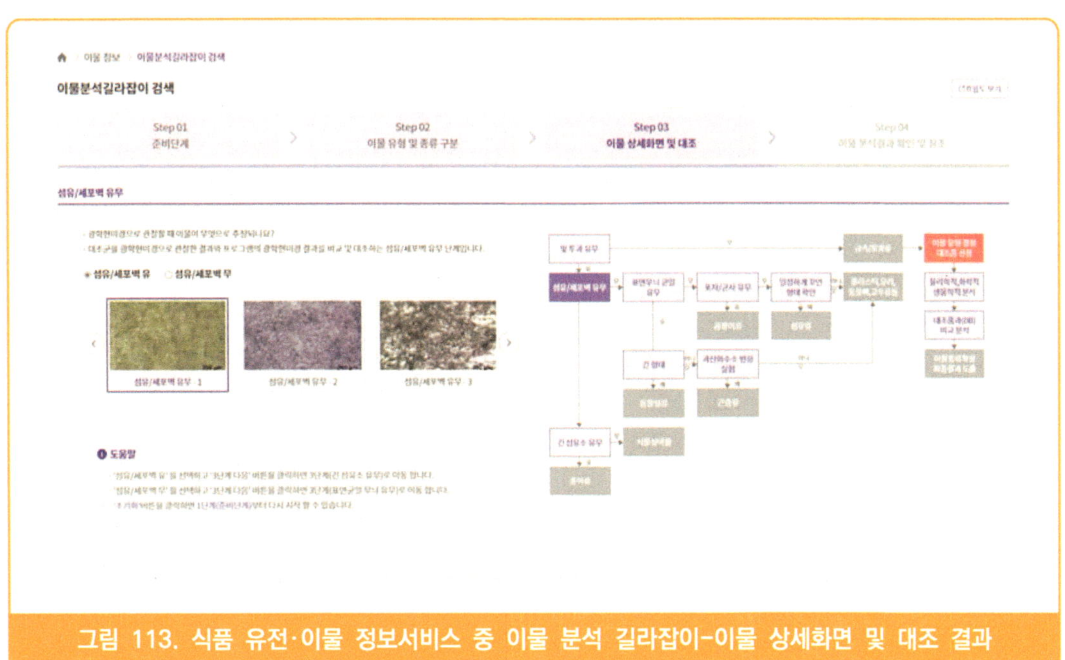

그림 113. 식품 유전·이물 정보서비스 중 이물 분석 길라잡이-이물 상세화면 및 대조 결과

신규 이물 분석 실무담당자도 쉽게 이물을 분석 할 수 있도록 이물 분석 길라잡이를 제공하였다. 광학 현미경 분석을 통해 이물 유형 결정 흐름도를 따라 이물의 유형을 신속하게 파악하고, 보다 정확한 대조품 선정에 도움을 줄 수 있을 것으로 판단된다.

편 집 위 원 장 : 식품위해평가부장
편 집 위 원 : 식품의약품안전평가원 신종유해물질과,
식품의약품안전처 식품기준과, 식품관리총괄과

식품 중 이물 판별 매뉴얼

초판 인쇄 2026년 02월 06일
초판 발행 2026년 02월 12일

저 자 식품의약품안전처 식품의약품안전평가원
발행인 김갑용

발행처 진한엠앤비
주소 서울시 서대문구 독립문로 14길 66 205호(냉천동 260)
전화 02) 364 - 8491(대) / 팩스 02) 319 - 3537
홈페이지주소 http://www.jinhanbook.co.kr
등록번호 제25100-2016-000019호 (등록일자 : 1993년 05월 25일)

ISBN 979-11-290-6314-4 (93510) [정가 19,000원]